工学结合·基于工作过程导向的项目化创新系列教材
高等职业教育"十四五"系列教材

Java面向对象程序设计项目化教程

◎主　编　黄　涛　付　沛　张吉力
◎副主编　李芙蓉　张喻平　吴　强　龚宇洁

華中科技大學出版社
http://www.hustp.com
中国·武汉

内容简介

本书全面介绍Java面向对象程序设计知识，共分为10个单元，包括类和对象、基本工具类介绍、接口、继承与多态、异常处理、泛型与集合框架、图形用户界面设计、IO操作、多线程、Java数据库操作、网络通信等内容。

本书以任务驱动的组织模式，实现“教、学、做”一体化，将Java面向对象程序设计的知识和技能训练有机结合起来。本书实用性强，重点突出实际技能的训练，可作为高职高专、应用型本科层次院校计算机专业、信息管理专业等相关专业学生的教材，也可以作为各种Java培训班的培训教材和自学教材，对程序设计人员也有一定的参考价值。

为了方便教学，本书还配有电子课件等教学资源包，可以登录“我们爱读书”网(www.ibook4us.com)浏览，任课教师还可以发邮件至 hustpeiit@163.com 索取。

图书在版编目(CIP)数据

Java面向对象程序设计项目化教程/黄涛，付沛，张吉力主编. —武汉：华中科技大学出版社，2020.8(2024.9重印)

ISBN 978-7-5680-6448-4

Ⅰ.①J…　Ⅱ.①黄…　②付…　③张…　Ⅲ.①JAVA语言-程序设计-教材　Ⅳ.①TP312.8

中国版本图书馆CIP数据核字(2020)第156550号

Java面向对象程序设计项目化教程　　黄　涛　付　沛　张吉力　主编
Java Mianxiang Duixiang Chengxu Sheji Xiangmuhua Jiaocheng

策划编辑：康　序
责任编辑：康　序
封面设计：孢　子
责任监印：朱　玢
出版发行：华中科技大学出版社(中国·武汉)　　电话：(027)81321913
　　　　　武汉市东湖新技术开发区华工科技园　　邮编：430223
录　　排：武汉三月禾文化传播有限公司
印　　刷：武汉邮科印务有限公司
开　　本：787mm×1092mm　1/16
印　　张：14.25
字　　数：368千字
版　　次：2024年9月第1版第2次印刷
定　　价：45.00元

前言

PREFACE

本书的编者都是多年从事 Java 面向对象程序设计教学的教师和从事 Java 开发工作的软件工程师，对 Java 有着深刻的理解。在从事 Java 面向对象程序设计教学的过程中，编者详细了解了学生在学习 Java 面向对象程序设计时遇到的难点，知道如何引导学生更快、更准确地掌握和使用 Java 面向对象程序设计技术。在此基础上，编者在编写本书时采用任务驱动的组织模式来全面解析 Java 面向对象程序设计技术，概念清楚、重点突出、内容丰富、结构合理、思路清晰、案例翔实。读者通过逐步完成各个任务，可以由浅入深地掌握 Java 面向对象程序设计的相关知识与技能，增强对基本概念的理解和实际动手能力的培养。

本书共分为 10 个单元。单元 1 介绍面向对象的概念、类和对象的基本知识、构造方法、static 关键字、内部类和包等内容。单元 2 介绍基本数据类型封装类、字符串操作类、日期时间类、数字处理类、对象类等内容。单元 3 介绍类继承的方法、类的多态性、抽象类和接口的使用方法等内容。单元 4 介绍异常的概念、分类和常见的异常、异常的捕获、异常的抛出、自定义异常等内容。单元 5 介绍泛型类、泛型方法、泛型接口、泛型集合类等内容。单元 6 介绍容器、组件概念和使用方法、布局管理器的布局效果和使用方法、事件处理机制和编写事件响应代码的方法等内容。单元 7 介绍 Java IO 原理、文件读写的方法、java. io. File 类的使用方法等内容。单元 8 介绍创建线程的两种基本方式、操作线程的方法、线程的优先级、线程同步的方法等内容。单元 9 介绍使用 SQL 语句创建表的方法、使用 SQL 语句进行插入、修改、删除和查询数据的方法、JDBC 访问数据库的结构和原理、JDBC 操作数据库的步骤和方法等内容。单元 10 介绍 TCP 程序设计、UDP 程序设计等内容。

本书主要面向具有一定 Java 编程基础的读者，适合作为高职高专及应用型本科层次院校的 Java 课程教材以及各种 Java 培训班的培训教材，还可以作为程序设计人员的参考资料。

本书由武汉城市职业学院的黄涛、付沛、张吉力担任主编，由武汉城市职业学院的李芙蓉、张喻平、吴强、龚宇洁担任副主编。本书的编写分工为：单元 8 和单元 10 由黄涛编写、单元 5 和单元 6 由付沛编写、单元 7 和单元 9 由张吉力编写、单元 1 由李芙蓉编写、单元 2 由张喻平编写、单元 3 由吴强编写、单元 4 由龚宇洁编写。全书由黄涛负责规划各章节内容并完成全书的修改和统稿工作。此外，参与本书资料搜集和整理工作的还有武汉城市职业学院的全丽莉、王社、魏芬、魏郧华等人，在此对他们表示衷心感谢。

为了方便教学，本书还配有电子课件等教学资源包，可以登录“我们爱读书”网（www. ibook4us. com）浏览，任课教师还可以发邮件至 hustpeiit@163. com 索取。

由于作者水平有限，书中难免有疏漏及不足之处，恳请广大读者不吝提出宝贵意见，帮助我们改正提高。

编　者

2020 年 6 月

目录

CONTENTS

单元 1　类和对象

知识目标

(1)了解面向对象的概念,掌握类和对象的基本知识。

(2)掌握构造方法。

(3)掌握 static 关键字的使用。

(4)掌握内部类和包的使用方法。

能力目标

具有使用类和对象解决问题的能力。

任务 1　类与对象

任务导入

任务 1.1　定义一个 Student 类,包括姓名和年龄两个属性,以及自我介绍的方法(用于输出姓名和年龄)。

算法分析

(1)定义一个 Student 类。

(2)在 Student 类中定义 name 和 age 两个属性。

(3)在 Student 类中定义自我介绍 introduce()方法输出姓名和年龄。

(4)定义一个包含 main()函数的主类 Demo1,创建一个 Student 的实例对象,调用自我介绍方法,输出该对象的姓名和年龄。

参考代码

```
public class Student {
    String name;        //属性 name
    int age;            //属性 age
    public void introduce(){
      // 方法中输出属性 name 和 age 的值
      System.out.println("大家好,我叫"+name+",我今年"+age+"岁!");
    }
```

```
public classDemo1 {
  public static void main(String[] args){
    Student stu=new Student();// 创建学生对象
    stu.name="李四";                    // 为对象的 name 属性赋值
    stu.age=18;                         // 为对象的 age 属性赋值
    stu.introduce();                    // 调用对象的方法
  }
 }
}
```

知识点

一、面向对象概述

面向对象是一种符合人类思维习惯的编程思想。现实生活中存在各种形态不同的事物，这些事物之间存在着各种各样的联系。在程序中使用对象来映射现实中的事物，使用对象的关系来描述事物之间的联系，这种思想就是面向对象思想。

面向过程就是分析解决问题的步骤，然后用函数把这些步骤一步一步地实现，然后在使用的时候一一调用则可。强调的是完成这件事的动作，更接近我们日常处理事情的思维。

面向对象是把构成问题的事务分解成各个对象，而建立对象的目的也不是为了完成一个个步骤，而是为了描述某个事物在解决整个问题的过程中所发生的行为，意在写出通用代码，增强了代码重用性，屏蔽差异性。

面向对象的特点主要可以概括为封装性、继承性和多态性，下面分别进行介绍。

1. 封装性

封装是面向对象编程的核心思想，将对象的属性和行为封装起来，对客户隐藏其实现细节，这就是封装的思想。例如，用户使用计算机，只需要使用手指敲击键盘就可以实现一些功能，用户无须知道计算机内部是如何工作的，即使用户可能碰巧知道计算机的工作原理，但在使用计算机时并不完全依赖于计算机工作原理这些细节。

2. 继承性

继承性是子类自动共享父类数据结构和方法的机制，这是类之间的一种关系。在定义和实现一个类的时候，可以在一个已经存在的类的基础之上来进行，把这个已经存在的类所定义的内容作为自己的内容，并加入若干新的内容。例如，有一个汽车的类，该类中描述了汽车的普通特性和功能，而轿车类中不仅应该包含汽车的普通特性和功能，还应增加轿车特有的功能。这时可以让轿车类继承汽车类，并且在轿车类中单独添加轿车特性的方法就可以了。继承不仅增强了代码复用性，提高了开发效率，而且为程序的修改补充提供了便利。

3. 多态性

多态性是指在程序中允许出现重名现象，它是指在一个类中定义的属性和方法被其他类继承后，它们可以具有不同的数据类型或表现出不同的行为，这使得同一属性和方法在不同的类中具有不同的语义。

二、类和对象的基本知识

面向对象的编程思想力图使程序中对事物的描述与该事物在现实中的形态保持一致。为了做到这一点，面向对象的编程思想中提出了两个概念，即类和对象。

现实世界中，随处可见的一种事物就是对象，对象是事物存在的实体，如人、书桌、计算机、高楼大厦等。人类解决问题的方式总是力图将复杂的事物简单化，于是就会思考这些对象都是由哪些部分组成的。通常都会将对象划分为两个部分，即动态部分与静态部分。静态部分，顾名思义就是不能动的部分，这个部分被称为"属性"，任何对象都会具有其自身的属性，如一个人，它包括高矮、胖瘦、性别、年龄等属性。然而具有这些属性的人会执行哪些动作也是一个值得探讨的事情，这个人可以哭泣、微笑、说话、行走，这些是这个人具备的行为(动态部分)，人类通过探讨对象的属性和观察对象的行为了解对象。

类是封装对象的属性和行为的载体，反过来说具有相同属性和行为的一类实体被称为类。例如，鸟类封装了所有鸟的共同属性和其应具有的行为，其结构如图1.1所示。

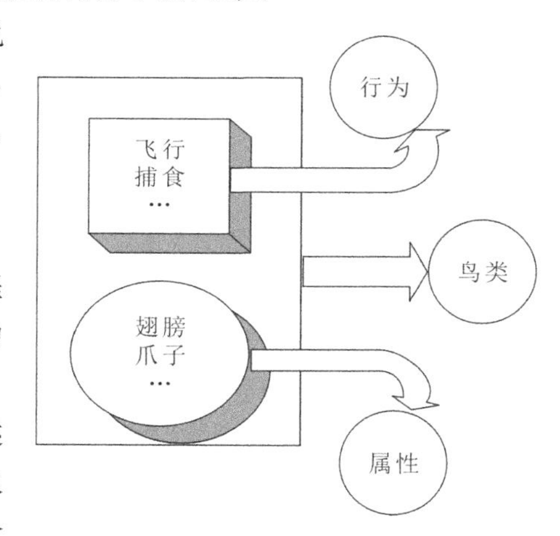

图1.1 鸟类的结构图

1. 类的定义

面向对象编程思想中最核心是对象，为了在程序中创建对象，首先需要定义一个类。类是对象的抽象，它用于描述一组对象的共同特征和行为。

类中可以定义属性和方法。其中属性用于描述对象的特征，有时也称为成员变量；方法用于描述对象的行为，有时也称为成员方法。例如，学生类就是一个包含姓名、年龄等属性和介绍的方法。

1)类的定义格式

```
[修饰符] class 类名 [extends 父类名] [implements 接口名1,接口名2,…]{
        属性声明;
    方法声明;
}
```

其中，各参数的功能分别介绍如下。

- 修饰符：表示类访问权限(如private、public和protected)和其他特性(如static、final、abstract)。
- class：类定义的关键字。
- extends：表示类和另外一些类的继承关系。
- implements：表示类实现了某些接口。

例如：定义如下的Person类：

```
class Person {
    int age;            // 定义int类型的属性age
    // 定义speak()方法
    void speak(){
```

```
        System.out.println("大家好,我今年"+age+"岁!");
    }
}
```

其中:Person是类名,age是属性,speak()是方法。在方法speak()中可以直接访问属性age。

2)属性

事物的特性在类中表示为属性。任务1.1中定义了一个Student类,在该类中设置了两个属性name、age,分别对应于姓名、年龄这两个属性。

Java语言中,在类中定义的变量称为属性,在方法中定义的变量称为局部变量。局部变量是在方法被执行时创建,在方法执行结束时被销毁。局部变量在使用时必须进行赋值操作或被初始化,否则会出现编译错误。

3)方法

Java语言中使用方法对应于类对象的行为。以任务1.1中的Student类为例,它包含introduce方法。定义方法的语法格式如下。

```
权限修饰符 返回值类型 方法名(参数类型 参数名){
        ...//方法体
    [return]
}
```

(1)成员访问控制

成员访问控制,即方法和属性的访问控制,成员的访问是指一个类中的方法代码能否访问(调用)另一个类中的成员,或者一个类能否继承其父类的成员。成员的访问权限有四种:public、private、protected和默认类型。

- public(公共类型)。当一个成员被声明为public时,所有其他类,无论属于那个包,都可以访问该成员。
- private(私有类型)。当一个成员被声明为private时,不能被该成员所在类之外的任何类中的代码访问。
- protected(保护类型)。当一个成员被声明为protected时,其只对包内的类可见,包外的类可以通过继承访问该成员。
- 默认类型。当一个成员没有任何访问限制修饰符时,其只有包内的类是可见的。

所有的访问限制修饰符和对应的可见性如表1.1所示。

表1.1 成员访问权限

可见性	public	private	protected	默认类型
对同一个类	可以	可以	可以	可以
对同一个包中的任何类	可以	不可以	可以	可以
对不同包中的非子类	可以	不可以	不可以	不可以
对同一个包中的子类	可以	不可以	可以	可以
对不同包中的子类	可以	不可以	可以	不可以

(2)返回值类型

返回值类型指定该方法返回结果的类型,可以是基本数据类型,也可以是引用类型。在没有返回值的方法中,需要使用关键字“void”指明该方法无返回值。在引用返回类型的方法中返回 null 值。

(3)方法的调用

在类中调用类自身的方法,可以直接使用这个方法的名称;调用其他对象或类的方法,则需要使用该对象名或类的名称作为前缀,通过圆点运算符,即可调用对象中的属性和方法。例如:Student 类的方法 a()直接调用 Student 类的方法 b()。

```
Public void a(){
    b();        //调用类自身的方法 b()
}
```

Student 类的方法 a()调用 Teacher 类的方法 b(),先创建类对象,然后使用“.”调用。

```
Public void a(){
    Teacher t=new Teacher();
  t.b();      //调用 Teacher 类的方法 b()
}
```

4)final

(1)final 属性

final 关键字可用于属性声明,一旦该属性被设定,就不可以再改变该属性的值。通常,由 final 定义的属性为常量。例如,在类中定义 PI 值,可以使用如下的语句。

```
final double PI=3.14;
```

(2)final 方法

首先,应该了解定义为 final 的方法不能被重写。

将方法定义为 final 类型可以防止任何子类修改该类的定义与实现方式,同时定义为 final 的方法的执行效率要高于非 final 方法。在修饰权限中曾经提到过 private 修饰符,如果一个父类的某个方法被设置为 private 修饰符,子类将无法访问该方法,自然无法覆盖该方法,所以一个定义为 private 的方法隐式地被指定为 final 类型,这样无须将一个定义为 private 的方法再定义为 final 类型。

(3)final 类

定义为 final 的类不能被继承。

如果希望一个类不允许任何类继承,并且不允许其他人对这个类有任何改动,可以将这个类设置为 final 形式。

final 类的语法格式如下。

```
final 类名{}
```

如果将某个类设置为 final 形式,则类中的所有方法都被隐式地设置为 final 形式,但是 final 类中的属性可以被定义为 final 或非 final 形式。

2. 对象的创建与使用

对象可以认为是在一类事物中抽象出某一个特例,通过这个特例来处理这类事物出现的问题。在 Java 语言中通过 new 关键字来创建对象,具体格式如下。

```
类名 对象名称=new 类名( );
```

例如:创建一个 Person 对象,具体示例如下。

```
Person p=new Person( );
```

上面的代码中,“new Person()”用于创建 Person 类的一个实例对象,“Person p”则是声明了一个 Person 类型的变量 p。中间的等号用于将 Person 对象在内存中的地址赋值给变量 p，这样变量 p 便持有了对象的引用，变量 p 和对象之间的引用关系如图 1.2 所示。

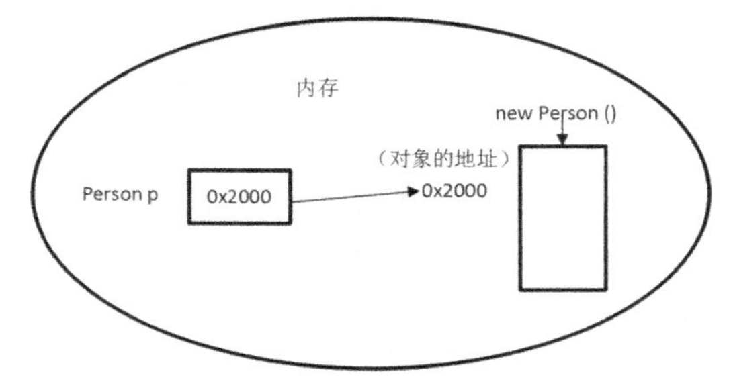

图 1.2　内存分析

在创建 Person 对象后，可以通过对象的引用来访问对象所有的成员，其语法格式如下。

对象引用.对象成员

例如：

```
class Example01 {
    public static void main(String[] args){
      Person p1=new Person();// 创建第一个 Person 对象
      Person p2=new Person();// 创建第二个 Person 对象
      p1.age=20;              // 为 age 属性赋值
      p1.speak();               // 调用对象的方法
      p2.speak();
    }
}
```

运行结果如图 1.3 所示。

```
Problems @ Javadoc Declaration Console
<terminated> Example01 [Java Application] C:\Program Files\Java\jre7\bi
大家好，我今年20岁！
大家好，我今年0岁！
```

图 1.3　Example01 的运行结果

在上面代码中，p1 和 p2 分别引用了 Person 类的两个实例对象，从图 1.3 的运行结果可以看出，p1 和 p2 对象在调用.speak()方法时，输出的 age 值不一样。这是由于 p1 和 p2 对象有各自的 age 属性，程序运行期间 p1、p2 引用对象在内存中的状态如图 1.4 所示。

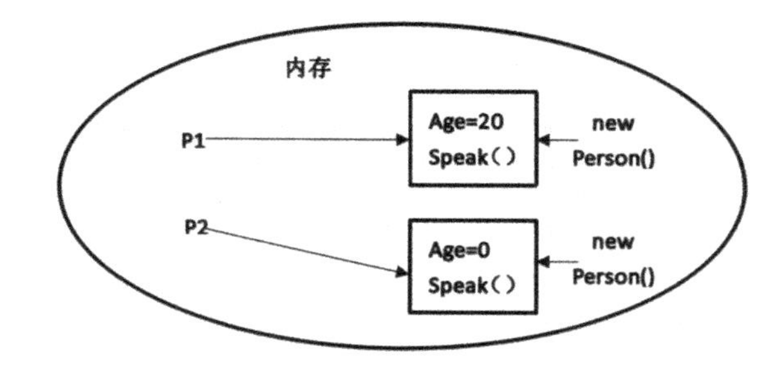

图 1.4　p1、p2 引用对象在内存中的状态

在程序中只是对 p1 对象的 age 属性赋值 20，p2 对象的 age 从运行结果可以看出是 0。这是由于在实例化对象时，Java 虚拟机会自动为属性进行初始化，针对不同类型的属性，Java 虚拟机会赋予不同的初始值，如表 1.2 所示。

表 1.2　属性的初始化值

属性类型	初始值	属性类型	初始值
byte	0	double	0.0D
Short	0	char	空字符，'\u0000'
Int	0	boolean	false
Long	0L	引用数据类型	null
float	0.0F		

当对象被实例化后，在程序中可以通过对象的引用变量来访问该对象的成员。当没有任何变量引用这个对象时，它将成为垃圾对象。

3. 对象的销毁

每个对象都有生命周期，当对象的生命周期结束时，分配给该对象的内存地址将会被回收。在其他语言中需要手动回收废弃的对象，但是 Java 拥有一套完整的垃圾回收机制，用户不必担心废弃的对象占用内存，垃圾回收器将回收无用的占用内存的资源。

三、类的封装

封装是面向对象的一个重要特征，简单来说，封装就是将东西包装起来，类将属性和方法封装起来，使外界在使用类时不用考虑类中的具体细节。如果对类的属性没有设定访问权限或者用 public 修饰，则类外面的代码可以直接访问类的成员，这是非常危险的，意味着类外部可以没有限制地访问和修改类的属性。因此，最好把类中的属性用 private 或 protected 修饰，从而很好地实现数据封装，这是封装的目的。

封装并不是不允许访问类的属性，而是需要创建一些允许外部访问的方法，通过这样的方法来访问类的属性，这样的方法称为公共接口。封装的另一个目的就是隐藏细节，这也是面向对象设计的思想。使用封装，加强了数据访问限制和程序的可维护性。

所谓类的封装是指在定义一个类时，将类中的属性私有化，即使用 private 关键字来修饰。私有属性只能在它所在类中被访问，为了能让外界访问私有属性，需要提供一些使用 public 修饰的公有方法，其中包括用于获取属性值的 getXxx 方法和设置属性值的 setXxx 方法。例如：

```
class Student {
 private String name; // 将 name 属性私有化
 private int age; // 将 age 属性私有化
 // 下面是公有的 getXxx 和 setXxx 方法
 public String getName(){
     return name;
 }
 public void setName(String stuName){
     name= stuName;
 }
```

```
public int getAge(){
    return age;
}
public void setAge(int stuAge){
    // 下面是对传入的参数进行检查
    if(stuAge<=0){
        System.out.println("年龄不合法...");
    } else {
    age=stuAge;// 对属性赋值
    }
}
public void introduce(){
  System.out.println("大家好,我叫"+name+",我今年"+age+"岁!");
  }
}
public class Example02 {
public static void main(String[] args){
  Student stu=new Student();
  stu.setAge(-30);
  stu.setName("李芳");
  stu.introduce();
  }
}
```

运行结果如图 1.5 所示。

```
Problems  Javadoc  Declaration  Console
&lt;terminated&gt; Example02 [Java Application] C:\Program Files\Java\jre7\bin\javaw
年龄不合法...
大家好，我叫李芳，我今年0岁!
```

图 1.5　Example02 的运行结果

在上面代码中，使用 private 关键字将属性 name 和 age 声明为私有，对外界提供了几个公有的方法。其中，getName()方法用于获取 name 属性的值，setName()方法用于设置 name 属性的值，同理，getAge()和 setAge()方法用于获取和设置 age 属性的值。在 main()方法中创建 Student 对象，并调用 setAge()方法传入一个负数－30，在 setAge()方法中对参数 stuAge 的值进行检查，由于当前传入的值小于 0，因此会输出“年龄不合法”的信息，age 属性没有被赋值，仍为默认初始值 0。

课堂训练

定义一个描述长方体的类 Box，该类有 3 个整型属性(长、宽、高)，以及求长方体的体积的成员方法，输出长方体的体积。

任务 2 构造方法

任务导入

任务 1.2 在任务 1.1 的 Student 类基础上，用构造方法在实例化对象的同时就为对象的属性赋值。

算法分析

(1)定义一个包含 name 和 age2 个属性以及一个 introduce()方法的 Student 类。

(2)在 Student 类中定义一个带参数的构造方法。

(3)定义一个包含 main 函数的主类 Demo2，通过构造方法创建一个 Student 的实例对象，调用自我介绍方法，输出该对象的姓名和年龄。

参考代码

```
public class Student {
    String name;
    int age;
    //定义两个参数的构造函数
    public Student(String name,int age){
        this.name=name;     // 为 name 属性赋值
        this.age=age;// 为 age 属性赋值
    }
    public void introduce(){
        System.out.println("大家好,我叫"+name+",我今年"+age+"岁!");
    }
public classDemo2 {
    public static void main(String[] args){
        Student stu=new Student("李四",18);// 通过构造函数创建学生对象
        stu.introduce();                  // 调用对象的方法
    }
  }
}
```

知识点

一、默认的构造方法

在类中除了成员方法之外，还存在一种特殊类型的方法，那就是构造方法。构造方法是一个与类同名的方法，对象的创建就是通过构造方法完成的。

在一个类中定义的方法如果同时满足以下三个条件，则该方法称为构造方法。

- 方法名和类名相同。
- 方法名的前面没有返回值类型的声明。
- 方法中不能使用 return 语句返回一个值。

构造方法一定是在使用 new 关键字时才调用，而且一个类中允许存在至少一个构造方法。

如果类的定义中没有编写构造方法，Java 语言会自动为用户生成默认的构造方法。默认的构造方法确保每个 Java 类都至少有一个构造方法，该方法应符合类的定义，用 public 修饰，没有参数，而且方法体为空。例如任务 1.1 中，系统自动生成的默认构造方法为：

```
public Student( ){ };
```

注意：

如果一个类中已经声明了一个构造方法，系统将不再生成默认的构造方法。

二、带参数的构造方法

带参数的构造方法能够实现这样的功能：当构造一个新对象时，类构造方法可以按需要将一些指定的参数传递给构造方法，例如任务 1.2。

在一个类中可以定义多个构造方法，只要每个构造方法的参数类型或参数个数不同即可，这就是构造方法的重载。在创建对象时，可以通过调用不同的构造方法为不同的属性赋值。在构造方法中，当方法的参数或局部变量与类的某个属性同名时，若要访问这个类的属性，则需要使用 this 关键字，否则将引用的是该方法的参数或局部变量。例如：

```
class Student {
    String name;
    int age;
    // 定义两个参数的构造方法
    public Student(String name,int age){
      this.name=name;// 为 name 属性赋值
      this.age=age;// 为 age 属性赋值
    }
    // 定义一个参数的构造方法
    public Student(String name){
      this.name=name;// 为 name 属性赋值
    }
    public void introduce(){
      System.out.println("大家好，我叫"+name+"，我今年"+age+"岁！");
    }
}
public class Example03 {
    public static void main(String[] args){         // 分别创建两个对象 stu 1 和 stu 2
      Student stu1=new Student("张三");
      Student stu2=new Student("李四",18);
      // 通过对象 stu 1 和 stu 2 调用 speak()方法
      stu1.introduce();
      stu2.introduce();
    }
```

运行结果如图 1.6 所示。

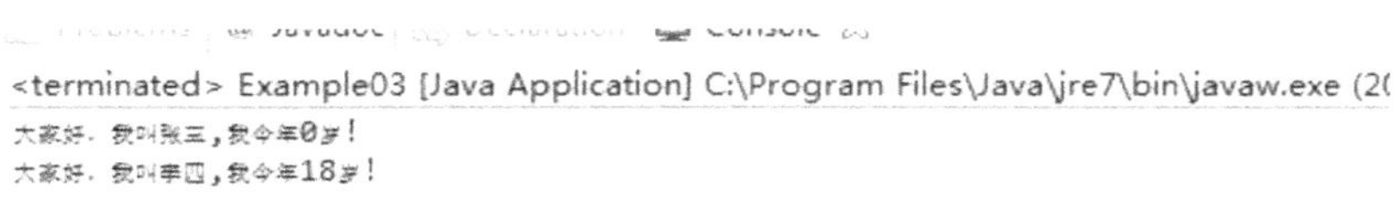

<terminated> Example03 [Java Application] C:\Program Files\Java\jre7\bin\javaw.exe (2(

大家好，我叫张三，我今年0岁！

大家好，我叫李四，我今年18岁！

图 1.6　Example03 的运行结果

在上面代码的 Student 类中定义了两个构造方法，它们构成了重载。在创建 p1 对象和 p2 对象时，根据传入参数的不同，分别调用不同的构造方法。从程序的运行结果可以看出，两个构造方法对属性赋值的情况是不一样的，其中一个参数的构造方法只针对 name 属性进行赋值，这时 age 属性的值为默认值 0。

三、this 关键字

this 关键字是 Java 中常用的关键字，可用于任何实例方法中指向当前对象，也可以对其调用当前方法的对象。this 引用的使用方法如下。

(1)用 this 指代对象本身。

(2)访问本类的成员。

①this. 属性。例如：

```
class Person {
  int age;
  public Person(int age){
    this.age=age;
  }
}
```

②this. 方法名。例如：

```
class Person {
    public void openMouth( ){
      …
    }
public void speak( ){
      this.openMouth( );
    }
}
```

(3)调用本类的构造方法。

构造方法是在实例化对象时被 Java 虚拟机自动调用的，在程序中不能像调用其他方法那样去调用构造方法，但可以在一个构造方法中使用“this([参数 1，参数 2…])”的形式来调用其他的构造方法。例如：

```
class Person {
    public Person(){
      System.out.println("无参的构造方法被调用了...");
    }
    public Person(String name){
```

```
            this();                     // 调用无参的构造方法
            System.out.println("有参的构造方法被调用了...");
        }
    }
    public class Example04 {
        public static void main(String[] args){
            Person p=new Person("itcast");// 实例化 Person 对象
        }
    }
```

运行结果如图 1.7 所示。

```
<terminated> Example04 [Java Application] C:\Program Files\Java\jre7\bin\javaw.exe (2(
无参的构造方法被调用了...
有参的构造方法被调用了...
```

图 1.7 Example 04 的运行结果

上述代码在构造 Person 对象时，调用了有参的构造方法，在该构造方法中通过 this()调用了无参的构造方法，因此运行结果中显示两个构造方法都被调用了。

在使用 this 调用构造方法时，应注意以下几点。

①只能在构造方法中使用 this 调用其他的构造方法。

②在构造方法中，使用 this 调用构造方法的语句必须位于第一行，且只能出现一次。

③不能在一个类的两个构造方法中使用 this 互相调用。

课堂训练

定义一个描述长方体的类 Box，该类有三个整型属性（长、宽、高），求长方体的体积的方法和带参的构造方法，输出长方体的体积。

任务 3 static 关键字

任务导入

任务 1.3 定义一个 Student 类，所有实例对象共享一个学校名称的静态属性。

算法分析

(1)定义一个包含 name 和 age 两个属性的 Student 类。

(2)在 Student 类中定义一个学校名称的静态属性。

(3)定义一个包含 main 函数的主类 Demo3，创建 2 个学生对象，输出他们的学校名称。

参考代码

```
class Student {
    String name;
    int age;
    static String schoolName;   // 定义静态属性 schoolName
}
public classDemo3 {
    public static void main(String[] args){
      Student stu1=new Student();      // 创建学生对象
      Student stu2=new Student();
      Student.schoolName="武汉城市职业学院"; // 为静态属性赋值
      System.out.println("我的学校是"+stu1.schoolName); // 打印第一个学生对象的
学校
      System.out.println("我的学校是"+stu2.schoolName); // 打印第二个学生对象的
学校
    }
}
```

知识点

一、静态属性

在定义一个类时，只是在描述某类事物的特征和行为，并没有产生具体的数据，只有通过 new 关键字创建该类的实例对象后，系统才会为每个对象分配空间，存储各自的数据。有时候，我们希望某些特定的数据在内存中只有一份，而且能够被一个类的所有实例对象所共享。

例如任务 1.3 中，创建的所有学生对象共享同一个学校名称，此时完全不必在每个学生对象所占用的内存空间中都定义一个属性来表示学校名称，而可以在对象以外的空间定义一个表示学校名称的属性让所有对象来共享。具体内存中的分配情况如图 1.8 所示。

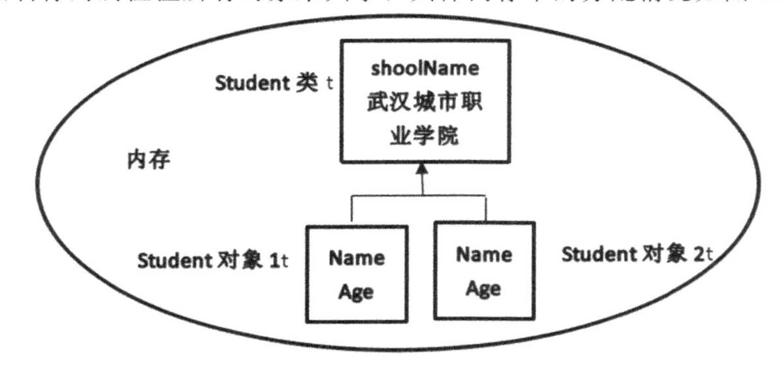

图 1.8　内存分配图

在 Java 类中，可以使用 static 关键字来修饰属性，该属性称为静态属性。静态属性被所有实例共享，可以使用“类名. 属性名”的形式来访问。例如：Student. schoolName="武汉城市职业学院"，也可以对 Student 的实例对象进行调用，如 stu1. schoolName。

注意：

static 关键字只能用于修饰属性，不能用于修饰局部变量，否则编译会报错。

二、静态方法

有时我们希望在不创建对象的情况下就可以调用某个方法，也就是使该方法不必和对象绑在一起，我们只需要在类中定义的方法前加上 static 关键字即可。被 static 关键字修饰的方法称为静态方法。与静态属性一样，静态方法可以使用“类名. 方法名”的方式来访问，也可以通过类的实例对象来访问。例如：

```
class Person {
    public static void sayHello(){ // 定义静态方法
        System.out.println("hello");
    }
}
class Example05 {
    public static void main(String[] args){
        Person.sayHello();      // 调用静态方法
    }
}
```

运行结果如图 1.9 所示。

```
<terminated> Example05 [Java Application] C:\Program Files\Java\jre7\b
hello
```

图 1.9　Example05 的运行结果

上面代码中 Person 类中定义了静态方法 sayHello()，通过“Person. sayHello()”的形式调用了静态方法，由此可见静态方法不需要创建对象就可以调用。

注意：

在一个静态方法中只能访问用 static 修饰的成员，原因在于没有被 static 修饰的成员需要先创建对象才能访问，而静态方法在被调用时可以不创建任何对象。

课堂训练

定义一个 Person 类，其所有实例对象共享一个国家(中国)的静态属性。

任务 4 内部类

任务导入

任务 1.4 定义一个内部类输出外部类的属性，在外部类定义一个方法，访问内部类。

算法分析

(1)定义一个包含 num 属性的 Outer 类。

(2)在 Outer 类中定义一个 test()方法访问内部类。

(3)在 Outer 类定义一个内部类 Inner 类，定义一个方法输出外部类的属性 num 的值。

(4)定义一个包含 main 函数的主类 Demo4，创建外部类对象，调用 test()方法。

参考代码

```
class Outer {
    private int num=8;// 定义类的属性
    // 下面的代码定义了一个成员方法，方法中访问内部类
    public void test(){
      Inner inner=new Inner();
      inner.show();
    }
    // 下面的代码定义了一个成员内部类
    class Inner {
      void show(){
        // 在成员内部类的方法中访问外部类的属性
        System.out.println("num="+num);
      }
    }
}
public classDemo4 {
    public static void main(String[] args){
      Outer outer=new Outer();// 创建外部类对象
      outer.test();// 调用 test()方法
    }
}
```

知识点

一、成员内部类

在一个类中除了可以定义属性、方法，还可以定义类，这样的类称为成员内部类。在成

员内部类中可以访问外部类的所有成员。例如任务 1.4 中，用成员内部类 Inner 的 show() 方法访问外部类的属性 num。

如果想通过外部类去访问内部类，则需要通过外部类对象去创建内部类对象，创建内部类对象的具体语法格式如下。

```
外部类名.内部类名 变量名= new 外部类名( ).new 内部类名( );
```

针对任务 1.4 中定义的 Outer 类编写一个测试程序。

```
public class Example06 {
    public static void main(String[] args){
      Outer.Inner inner=new Outer().new Inner();// 创建内部类对象
      inner.show();// 调用 test()方法
    }
}
```

其运行结果与任务 1.4 一样，输出“num＝8”。需要注意的是，如果内部类被声明为私有的，外界将无法访问。将上面的成员内部类 Inner 使用 private 修饰，则编译会报错。

二、静态内部类

可以使用 static 关键字来修饰一个成员内部类，该内部类称为静态内部类，它可以在不创建外部类对象的情况下被实例化。一个静态内部类中可以声明 static 成员，但是在非静态内部类中不可以声明静态成员。静态内部类还有一个特点，就是不可以使用外部类的非静态成员，创建静态内部类对象的具体语法格式如下。

```
外部类名.内部类名 变量名=new 外部类名.内部类名( );
```

例如：

```
class Outer {
    private static int num=8;
    // 下面的代码定义了一个静态内部类
    static class Inner {
      void show(){
        System.out.println("num="+num);
      }
    }
}
class Example07 {
    public static void main(String[] args){
      Outer.Inner inner=new Outer.Inner();// 创建内部类对象
      inner.show();// 调用内部类的方法
    }
}
```

其运行结果和 Example06 一样。

静态内部类具有以下两个特点。

(1)创建静态内部类的对象，不需要其外部类的对象。

(2)不能从静态内部类的对象中访问非静态外部类的对象。

三、局部内部类

局部内部类也称为方法内部类，就是在类的方法中定义的内部类，它的作用范围也是在这个方法体内。例如：

```
class Outer {
    private int num=8;  // 定义属性
  public void test(){
    // 下面是在方法中定义的内部类
    class Inner {
      void show(){
        System.out.println("num="+num);  // 访问外部类的属性
      }
    }
    Inner in=new Inner();// 创建内部类对象
    in.show();// 调用内部类的方法
  }
}
public class Example08 {
    public static void main(String[] args){
      Outer outer=new Outer();// 创建外部类对象
      outer.test();// 调用 test()方法
    }
}
```

在上面的代码中，在 Outer 类的 test()方法中定义了一个内部类 Inner。由于 Inner 是方法内部类，因此程序只能在方法中创建该类的实例对象并调用 show()方法。从运行结果可以看出，方法内部类也可以访问外部类的属性 num。

四、匿名内部类

匿名内部类也就是没有名字的内部类。正因为没有名字，所以匿名内部类只能使用一次，它通常用来简化代码编写。但使用匿名内部类还有个前提条件：必须继承一个父类或实现一个接口。

课堂训练

无

任务 5 Java 类包

任务导入

任务 1.5 定义一个类 Demo5，调用另一个包中 Student 类的 introduce()方法。

算法分析

(1)定义一个声明包的包含 introduce()方法的 Student 类。

(2)定义一个声明包和导入包的包含 main 函数的主类 Demo5。

(3)在 main 函数中创建 Student 对象,并调用该对象的 introduce()方法。

参考代码

```
Student.Java 源文件
package cn.itcast;                    // 使用 package 关键字声明包
public class Student{
    public void introduce(){
        System.out.println("我今年 18 岁");
    }
}
Demo5.java 源文件
package cn.itcast.chapter01;        // 使用 package 关键字声明包
import cn.itcast.Student;           // 使用 import 关键字导入包
public class Demo5{
    public static void main(String args[]){
        Student stu=new Student();
        stu.introduce();
    }
}
```

知识点

一、类名冲突

Java 中每个接口或类都来自不同的类包,无论是 Java API 中的类与接口还是自定义的类与接口都需要隶属某一个类包,这个类包包含了一些类和接口。如果没有包的存在,管理程序中的类名称是一件非常麻烦的事情,如果程序只由一个类定义组成,那么这并不会给程序带来什么影响,但是随着程序代码的增多,难免会出现类同名的问题。例如,在程序中定义一个 Login 类,而因业务需要,还要定义一个名称为 Login 的类,但是这两个类所实现的业务完全不同,于是问题就产生了,编译器不会允许存在同名的类文件。解决这类问题的办法是在 Java 中引入包(package)机制,将这两个类放置在不同的类包中。

二、包的定义与使用

Java 中的包是专门用来存放类的,通常功能相同的类存放在相同的包中。在声明包时,使用 package 语句,例如:

```
package cn.itcast.chapter01;        // 使用 package 关键字声明包
public class Example01{…}
```

注意：

包的声明只能位于 Java 源文件的第一行。如果没有显式地声明 package 语句，则类处于默认包下。在实际开发中，这种情况是不会出现的，但是本书为了简单起见，在定义类时都没有为其指定包名。

三、导入类包

在程序开发中，位于不同包中的类经常需要互相调用。例如任务 1.5 中，位于 cn.itcast.chapter01 包中的 Demo5 类要调用 cn.itcast 包中的 Student 类中的 introduce()方法。Java 中提供了 import 关键字，使用 import 可以在程序中一次导入某个指定包下的类，这样就不必在每次用到该类时都书写完整类名了，具体格式如下。

```
import 包名.类名
```

例如：任务 1.5 中，有如下语句：

```
import cn.itcast.Student;
```

注意：

import 通常出现在 package 语句之后，类定义之前。

如果有时候需要用到一个包中的许多类，则可以使用"import 包名.＊"来导入该包下所有类。

课堂训练

改写任务 2 的课堂练习，将两个类处于不同包类，实现一样的功能。

任务 6 JavaBean

任务导入

任务 1.6 定义一个符合 JavaBean 规范的 Person 类。

算法分析

(1)定义一个包含私有属性 name、sex、age、married 的 Person 类。

(2)创建 Person 类的无参数构造方法。

(3)对私有属性创建公有的 get 和 set 方法。

参考代码

```
package gacl.javabean.study;
public class Person {
    private String name;
    private String sex;
    private int age;
    private boolean married;
```

```
    //无参数构造方法
    public Person(){
    }
    //Person类对外提供的用于访问私有属性的public方法
    public String getName(){
        return name;
    }
    public void setName(String name){
        this.name=name;
    }
    public String getSex(){
        return sex;
    }
    public void setSex(String sex){
        this.sex=sex;
    }
    public int getAge(){
        return age;
    }
    public void setAge(int age){
        this.age=age;
    }
    public boolean isMarried(){
        return married;
    }
    public void setMarried(boolean married){
        this.married=married;
    }
}
```

知识点

一、什么是JavaBean

JavaBean是一个遵循特定写法的Java类，它通常具有如下特点。

(1)这个Java类必须具有一个无参的构造函数。

(2)属性必须私有化。

(3)私有化的属性必须通过public类型的方法暴露给其他程序，并且方法的命名也必须遵守一定的命名规范。

JavaBean在J2EE开发中，通常用于封装数据，对于遵循以上写法的JavaBean组件，其他程序可以通过反射技术实例化JavaBean对象，并且通过反射那些遵守命名规范的方法，从而获知 JavaBean 的属性，进而调用其属性保存数据。

二、JavaBean 的属性

JavaBean 的属性可以是任意类型，并且一个 JavaBean 可以有多个属性。每个属性通常都需要具有相应的 setter、getter 方法，setter 方法称为属性修改器，getter 方法称为属性访问器。

属性修改器必须以小写的 set 前缀开始，后跟属性名，且属性名的第一个字母要改为大写。例如，name 属性的修改器名称为 setName，password 属性的修改器名称为 setPassword。

属性访问器通常以小写的 get 前缀开始，后跟属性名，且属性名的第一个字母也要改为大写。例如，name 属性的访问器名称为 getName，password 属性的访问器名称为 getPassword。

一个 JavaBean 的某个属性也可以只有 set 方法或 get 方法，这样的属性通常也称之为只写、只读属性。

课堂训练

在任务 1.6 基础上，编写主类，访问每个 set 方法赋值，并编写通过访问 get 方法输出该对象的信息。

习题1

一、选择题

1. 类的定义必须包含在(　　)之间。

A. 方括号[ ]　　B. 花括号{ }　　C. 双引号“”　　D. 圆括号()

2. 下面类声明中正确的是(　　)。

A. public void MM{…}　　B. public class Move( ){…}

C. public class void MM{…}　　D. public class Move {…}

3. 方法的形参(　　)。

A. 可以没有　　B. 至少有一个　　C. 必须定义多个形参　　D. 只能是简单变量

4. 在以下什么情况下，构造方法会被调用(　　)。

A. 创建对象时　　B. 类定义时

C. 使用对象的属性时　　D. 调用对象方法时

5. 下面对于构造方法的描述，正确的有(　　)。(多选)

A. 方法名必须与类名相同

B. 方法名的前面没有返回值类型的声明

C. 在方法中不能使用 return 语句返回一个值

D. 当定义了带参数的构造方法时，系统默认的不带参数的构造方法依然存在

6. 使用 this 调用类的构造方法时，下面说法正确的是(　　)。(多选)

A. 使用 this 调用构造方法的格式为 this([参数 1，参数 2…])

B. 只能在构造方法中使用 this 调用其他的构造方法

C. 使用 this 调用其他的构造方法的语句必须放在第一行

D. 不能在一个类的两个构造方法中使用 this 互相调用

7. 下面可以使用 static 关键字修饰的是(　　)。(多选)

A. 属性　　B. 局部变量　　C. 方法　　D. 成员内部属性

8. 关于内部类,下面说法正确的是(　　)。(多选)

A. 成员内部类是外部类的一个成员,可以访问外部类的其他成员

B. 外部类可以访问成员内部类的成员

C. 方法内部类只能在其定义的当前方法中进行实例化

D. 静态内部类中可以定义静态成员,也可以定义非静态成员

9. main 方法返回的类型是(　　)。

A. boolean　　B. int　　C. void　　D. static

10. Outer 类中定义了一个成员内部类 Inner,需要在 main 方法中创建 Inner 类实例对象,以下正确的是(　　)。

A. Inner in=new Inner( )

B. Inner in=new Outer. Inner( );

C. Outer. Inner in=new Outer. Inner( );

D. Outer. Inner in=new Outer. new Inner( );

二、填空题

1. 面向对象的三大特征是________、________和________。

2. 在 Java 中,可以使用关键字________来创建类的实例对象。

3. 定义在类中的变量称为________,定义在方法中的变量称为________。

4. 面向对象程序设计的重点是________的设计,________是用来创建对象的模板。

5. 所谓类的封装是指在定义一个类时,将类中的属性私有化,即使用______关键字来修饰。

6. 在非静态方法中,可以使用________关键字访问类的其他非静态成员。

7. 被 static 关键字修饰的属性称为________,它可以被该类所有的实例对象共享。

8. 在一个类中,除了可以定义属性、方法外,还可以定义类,这样的类被称为________。

三、编程题

1. 请按照以下要求设计一个学生类 Student,并进行测试。具体要求如下。

①Student 类中包含姓名、成绩两个属性。

②分别给这两个属性定义两个方法,一个方法用于设置值,另一个方法用于获取值。

③Student 类中定义一个无参的构造方法和一个接收两个参数的构造方法,两个参数分别是姓名和成绩属性赋值。

④在测试类中创建两个 Student 对象,一个使用无参的构造方法,然后调用方法给姓名和成绩赋值;另一个使用有参的构造方法,在构造方法中给姓名和成绩赋值。

2. 定义一个 Father 类和 Child 类,并进行测试。具体要求如下。

①Father 类为外部类,类中定义一个私有的 String 类型的属性 name,name 的值为“zhangsan”。

②Child 类为 Father 类的内部类,其中定义一个 introFather()方法,方法中调用 Father 类的 name 属性。

③定义一个测试类 Test,在 Test 类的 main()方法中,创建 Child 对象,并调用 introFather()方法。

单元 2 基本工具类介绍

知识目标

(1)掌握基本数据类型封装类的使用方法。

(2)掌握字符串操作类的使用方法。

(3)掌握日期时间类的使用方法。

(4)掌握数字处理类的使用方法。

(5)掌握对象类的使用方法。

能力目标

(1)具有使用基本数据封装类进行数据相互转换处理的能力。

(2)具有字符串操作处理的能力。

(3)具有利用日期时间类解决问题的能力。

(4)具有利用数字处理类解决各种数据精度、数学运算、数据格式等数字方面问题的处理能力。

(5)具有利用对象类解决对象的克隆、判断、回收等问题的处理能力。

任务 1 基本数据类型封装类的使用

任务导入

任务 2.1 通过 intValue 方法,用 int 类型返回 Integer、Float 和 Double 类对象的变量值。

算法分析

(1)下面的代码中,Integer 类对象 i 的 intValue 方法就是得到一个 int 类型的数据值。

(2)下面的代码中,Float 类对象 f 和 Double 类对象 d 的 intValue 方法,就是丢掉了小数位,得到一个 int 类型的数据值。

(3)下面的代码中,变量 kk 不是一个 Double 类对象,故不可以使用 intValue 方法。如果要使用 intValue 方法,必须将其先转换成 Double 类对象。

参考代码

```
public class BasicDataType {
    public static void main(String[] args){
        Integer i=5;
```

```
        Float f=4.7f;
        Double d=3.5;
        double kk=2.9;
        Double double1=new Double(kk);
        System.out.println(i.intValue());
        System.out.println(f.intValue());
        System.out.println(d.intValue());
        System.out.println(kk);
        System.out.println(double1.intValue());
    }
}
```

任务 2.2 体会 Float 类中 compare 与 compareTo 的用法区别。

参考代码

```
public class FloatTest {
    public static void main(String[] args){
        Float f=new Float(1237.45);
        Float fs=new Float("123.45");
        Float fd=new Float(1234146865679824657987947924623724749.16416925);
        System.out.println("f.compare(fs):"+f.compareTo(fs));
        System.out.println("f.compareTo(fd):"+f.compareTo(fd));
        System.out.println("Float.compare(1.23f,3.25f):"+Float.compare(1.23f,3.
25f));
        Float ff=new Float(1237.45);
        System.out.println("ff.equals(fs):"+ff.equals(fs));
    }
}
```

任务 2.3 获得 Character 类对象的最大基数与最小基数,判断字符的返回值或者根据数值判断表示的字符并输出;根据给定的字符转换成相应的大写或者小写字母并输出。

算法分析

(1)通过属性 MIN_RADIX 和 MAX_RADIX 获得最小基数与最大基数。

(2)通过 digit 方法判断字符的返回值。

(3)forDigit 根据特定基数判断当前数值表示的字符。

(4)toLowerCase 转成小写字符,toUpperCase 转成大写字符。

参考代码

```
public class CharacterTest {
    public static void main(String[] args){
        System.out.println("Character.MIN_RADIX:"+Character.MIN_RADIX);
        System.out.println("Character.MAX_RADIX:"+Character.MAX_RADIX);
        System.out.println("Character.digit('2',2):"+Character.digit('2',2));
```

```
            System.out.println("Character.digit('7',10):"+Character.digit('7',10));
            System.out.println("Character.digit('F',16):"+Character.digit('F',16));
            System.out.println("Character.forDigit(2,2):"+Character.forDigit(2,2));
            System.out.println("Character.forDigit(7,10):"+Character.forDigit(7,10));
            System.out.println("Character.forDigit(15,16):"+Character.forDigit
(15,16));
            System.out.println("Character.toUpperCase('q'):"+Character.toUpperCase('q'));
            System.out.println("Character.toLowerCase('B'):"+Character.toLowerCase('B'));
        }
    }
```

知识点

Java 的数据类型包括基本数据类型、对象数据类型和数组。其中，基本数据类型分为八种，分别是：int、short、float、double、long、boolean、byte、char；它们对应的封装类分别是：Integer、Short、Float、Double、Long、Boolean、Byte、Character。对基本数据类型封装之后，封装类就可以有方法和属性，然后就可以利用这些方法和属性来处理数据。例如，Integer 对象中有 parseInt(String s)，可以把字符串转换为 int 类型等。有些类型的数据会有默认值，基本数据类型与封装类型的默认值是不一样的。例如，int i，如果不赋值 i 则默认其值为 0；但是 Integer j，如果不赋值，则 j 值默认为 null；这是因为封装类产生的是对象，而对象默认值为 null。

下面分别介绍这八种封装类的使用方法。

1. Integer 类的使用方法

1）构造方法

(1)public Integer(int value)：通过一个 int 类型构造对象。

(2)public Integer(String s)：通过一个 String 类型构造对象。

例如：

```
Integer i= new Integer("1234");
```

其运行结果为：生成一个值为 1234 的 Integer 对象。

2）属性

(1)public static int MAX_VALUE：返回最大的整型数。

(2)public static int MIN_VALUE：返回最小的整型数。

(3)public static ClassTYPE：返回当前类型。

例如：

```
System.out.println("Integer.MAX_VALUE:"+ Integer.MAX_VALUE);
```

其运行结果为：

```
Integer.MAX_VALUE:2147483647
```

3)方法说明

(1)public byte Value():取得用 byte 类型表示的整数。

(2)public int compareTo(Integer anotherInteger):比较两个整数,相等时返回 0,小于时返回负数,大于时返回正数。

例如:

```
Integer i= new Integer(1234);
System.out.println("i.compareTo:"+ i.compareTo(new Integer(123)));
```

其运行结果为:

```
i.compareTo:1
```

(3)public int compareTo(Object o):将该整数与其他类进行比较。如果 o 也为 Integer 类,进行方法(2)的操作;否则,抛出 ClassCastException 异常。

(4)public static Integerdecode(String nm):将字符串转换为整数。

(5)public double doubleValue():取得该整数的双精度表示。

(6)public boolean equals(Object obj):比较两个对象。

(7)public float floatValue():取得该整数的浮点数表示。

(8)public static IntegergetInteger(String nm):根据指定名确定系统特征值。

(9)public static IntegergetInteger(String nm,int val):上面的重载。

(10)public static IntegergetInteger(String nm,Integer val):上面的重载。

(11)public int hashCode():返回该整数类型的哈希码。

(12)public int intValue():返回该整数类型所表示的整数。

(13)public long longValue():返回该整数类型所表示的长整数。

(14)public static int parseInt(String s):将字符串转换成整数。s 必须是由十进制数组成,否则抛出 NumberFormatException 异常。

(15)public static int parseInt(String s,int radix):以 radix 为基返回 s 的十进制数。所谓的基数,就是指“几进制”。

例如:

```
String s1= new String("1010");
System.out.println("Integer.parseInt(String s,int radix):"+ Integer.parseInt(s1,
2));
```

其运行结果为:

```
Integer.parseInt(String s,int radix):10
```

(16)public short shortValue():返回该整数类型所表示的短整数。

(17)public static StringtoBinaryString(int i):将整数转为二进制数的字符串。

(18)public static StringtoHexString(int i):将整数转为十六进制数的字符串。

(19)public static StringtoOctalString(int i):将整数转为八进制数的字符串。

(20)public String toString():将该整数类型转换为字符串。

(21)public static StringtoString(int i):将该整数类型转换为字符串。不同的是,此为类方法。

(22)public static StringtoString(int i,int radix):将整数 i 以基数 radix 的形式转换成字符串。

例如：

```
int i1= 54321;
System.out.println("Integer.toString(int i,int radix):"+ Integer.toString(i1,16));
```

其运行结果为：

```
Integer.toString(int i,int radix):d431
```

(23)public static IntegervalueOf(String s)：将字符串转换成整数类型。

(24)public static IntegervalueOf(String s,int radix)：将字符串以基数 radix 的要求转换成整数类型。

2. Short 类的使用方法

Short 类继承抽象类 Number，将基本类型 short 包装在一个对象中。其属性和方法介绍如下。

(1)public static final short MIN_VALUE＝－32768：最小值。

(2)public static final short MAX_VALUE＝32767：最大值。

(3)public static final Class，〈Short〉TYPE＝(Class〈Short〉)Class. getPrimitiveClass("short")：基本类型 short 的 Class 对象。

(4)public static String toString(short s)或者 public String toString()：返回 short 的值的 String 对象。

(5) public static short parseShort (String s, int radix) 或者 public static short parseShort(String s)：将字符串转换成 short。

(6)public static Short valueOf(String s,int radix)或者 public static Short valueOf(String s)或者 public static Short valueOf(short s)：将字符串转换成 Short 对象。

(7)private static class ShortCache：缓存对象。

(8)public static Short decode(String nm)：字符串解码成 Short 对象。

(9)public Short(short value)或者 public Short(String s)：构造方法。

(10)public byte byteValue()：short 转换成 byte。

(11)public short shortValue()：返回 short。

(12)public int intValue()：short 转换成 int。

(13)public long longValue()：short 转换成 long。

(14)public float floatValue()：short 转换成 float。

(15)public double doubleValue()：short 转换成 double。

(16)public int hashCode()：返回 hashCode。

(17)public boolean equals(Object obj)：比较对象是否相等。

(18)public int compareTo(Short anotherShort)：比较 2 个对象大小。

(19)public static int compare(short x,short y)或者 public static short reverseBytes(short i)：反转 short 值。

3. Float 类的使用方法

1)构造方法

public Float(double value)：以 double 类型为参数构造 Float 对象。

public Float(float value)：以 float 类型为参数构造 Float 对象。

public Float(String s)：以 String 类型为参数构造 Float 对象。

2）属性

public static float MAX_VALUE：返回最大浮点数，在不同硬件平台中由 Float.intBitsToFloat(0x7f7fffff)计算得出。

public static float MIN_VALUE：返回最小浮点数，在不同硬件平台中由 Float.intBitsToFloat(0x1)计算得出。

public static float NaN：表示非数值类型的浮点数，在不同硬件平台中由 Float.intBitsToFloat(0x7fc00000)计算得出。

public static float NEGATIVE_INFINITY：返回负无穷浮点数，在不同硬件平台中由 Float.intBitsToFloat(0xff800000)计算得出。

public static float POSITIVE_INFINITY：返回正无穷浮点数，在不同硬件平台中由 Float.intBitsToFloat(0x7f800000)计算得出。

public static ClassTYPE：返回当前类型。

3）方法

(1)public byte byteValue()：返回以字节表示的浮点数。

(2)public static int compare(float f1,float f2)：此为类方法，比较 f1 和 f2。相当于 new Float(f1).compareTo(new Float(f2))。若 f1 与 f2 相等，则返回 0；若 f1 与 f2 为小于关系，则返回负数；若 f1 与 f2 为大于关系，则返回正数。

(3) public int compareTo(Float anotherFloat)：此为对象方法，当前对象与 anotherFloat 比较。与(2)的比较规则相同。

(4)public int compareTo(Object o)：当前对象与 o 进行比较。如果 o 属于 Float 类，那么，相当于(3)；如果是其他类，则抛出 ClassCastException 异常。

(5)public double doubleValue()：返回浮点数的双精度值。

(6)public boolean equals(Object obj)：比较当前 Float 对象与 obj 的内容是否相同。大多数情况是比较两个 Float 对象的值是否相等，相当于 f1.floatValue()==f2.floatValue()的值。与(2)、(3)、(4)不同的是，(6)返回 boolean 类型。

(7)public static int floatToIntBits(float value)：按照 IEEE 754 转化成 float 并输出它的十进制数值。

(8)public float floatValue()：返回该浮点数对象的浮点数值。

(9)public int hashCode()：返回该 Float 对象的哈希码。

(10)public int intValue()：返回该 Float 对象的整数值(整数部分)。

(11)public boolean isInfinite()：判断该 Float 对象是否为无穷。

(12)public static Boolean isInfinite(float v)：与(11)类似，不同的是此为类方法，判断的是 v。

(13)public boolean isNaN()：判断该 Float 对象是否为非数值。

(14)public static Boolean isNaN(float v)：功能与(13)一样，只不过判断的是 v。

(15)public long longValue()：返回该 Float 对象的长整数值。

(16)public static floatparseFloat(String s)：将字符串转换成浮点数。

(17)public short shortValue()：返回该 Float 对象的短整数值。

(18)public String toString():将该 Float 对象转换成字符串。

(19)public static String toString(float f):功能与(18)一样,只是转换的是 f。

(20)public static Float valueOf(String s):将字符串转换成浮点数。

4. Double 类的使用方法

1)构造方法

public Double(double value):以 double 类型为参数创建 Double 对象。

public Double(String s):以 String 类型为参数创建 String 对象。

2)属性

(1)public static Double MAX_VALUE :返回最大双精度数,在不同硬件平台中由 Double. longBitsToDouble(0x7fefffffffffffffL)计算得出。

(2)public static Double MIN_VALUE:返回最小双精度数,在不同硬件平台中由 Double. longBitsToDouble(0x1L)计算得出。

(3)public static Double NaN :表示非数值类型的双精度数,在不同硬件平台中由 Double. longBitsToDouble(0x7ff8000000000000L)计算得出。

(4)public static Double NEGATIVE_INFINITY :返回负无穷双精度数,在不同硬件平台中由 Double. longBitsToDouble(0xfff0000000000000L)计算得出。

(5)public static Double POSITIVE_INFINITY :返回正无穷双精度数,在不同硬件平台中由 Double. longBitsToDouble(0x7ff0000000000000L)计算得出。

(6)public static ClassTYPE:返回当前类型。

3)方法

(1)public byte byteValue():返回以字节表示的双精度数。

(2)public static intcompare(double d1,double d2):此为类方法,比较 d1 和 d2。相当于 new Double(d1). compareTo(new Double(d2))。若 d1 与 d2 相等,返回 0;若 d1 与 d2 为小于关系,返回负数;若 d1 与 d2 为大于关系,返回正数。

(3) public int compareTo (Double anotherDouble):此为对象方法,将当前对象与 anotherDouble 比较。与(2)的比较规则相同。

(4)public int compareTo(Object o):当前对象与 o 进行比较。如果 o 属于 Double 类,那么,相当于(3);如果是其他类,则抛出 ClassCastException 异常。

(5)public static long doubleToLongBits(double value):将 value 按照 IEEE 754 转化成 long 并输出它的十进制数值。

(6)public double doubleValue():返回该双精度数对象的双精度数值。

(7)public boolean equals(Object obj):比较当前 Double 对象与 obj 的内容是否相同。大多数情况是比较两个 Double 对象的值是否相等,相当于 d1. doubleValue( ) = = d2. doubleValue()的值。

(8)public float floatValue():返回该浮点数对象的浮点数值。

(9)public int hashCode():返回该 Double 对象的哈希码。

(10)public int intValue():返回该 Double 对象的整数值(整数部分)。

(11)public boolean isInfinite():判断该 Double 对象是否是无穷。

(12)public static Boolean isInfinite(double v):与(11)类似,不同的是此为类方法,判断

的是 v。

(13)public boolean isNaN():判断该 Double 对象是否为非数值。

(14)public static Boolean isNaN(double v):功能与 13 一样,只不过判断 v。

(15)public long longValue():返回该 Double 对象的长整数值。

(16)public static float parseFloat(String s):将字符串转换成双精度数。

(17)public short shortValue():返回该 Double 对象的短整数值。

(18)public String toString():将该 Double 对象转换成字符串。

(19)public static String toString(Double f):功能与(18)一样,只是转换的是 f。

(20)public static Double valueOf(String s):将字符串转换成双精度数。

5. Long 类的使用方法

Long 类将基本类型为 long 的值包装在一个对象中。其属性和方法具体介绍如下。

(1)public static long MAX_VALUE:最大值 $2^{63}-1$。

(2)public static long MIN_VALUE:最小值 -2^{63}。

(3)public static int SIZE:用二进制补码形式表示值时的位数。

(4)public static Class<Long>TYPE:表示基本类型 long 的 Class 实例。

(5)public toString(long,int)或者 public toString(long):转换为指定进制表示的字符串形式,toString(long)为简化版默认十进制。

(6)public toString(long,int):转换为指定进制表示的字符串形式,默认十进制。

(7)public toUnsignedString(long,int)或者 public toUnsignedString(long):转换为指定进制表示的无符号整数的字符串形式,toUnsignedString(long)为简化版默认十进制。

(8)public toHexString(long):以十六进制无符号整数形式返回 long 参数的字符串形式。

(9)public toOctalString(long):以八进制无符号整数形式返回 long 参数的字符串表示形式。

(10)public toBinaryString(long):以二进制无符号整数形式返回 long 参数的字符串表示形式。

(11)public parseLong(String,int):将 String 参数解析为第二个参数指定进制形式的有符号的 long。parseLong 都是将字符串解析为 long 基本类型。

(12)public parseLong(String):为简化形式,默认十进制。

(13)public parseUnsignedLong(String,int):为 parseLong 的无符号形式,其用法与 parseLong 相似。

(14)public parseUnsignedLong(String):将字符串转换为无符号长整型。

(15)public valueOf(String,int)或 public valueOf(String)或 public valueOf(long):valueOf 都是将字符串解析为 Long 包装类型。但是在-128～127 之间会使用缓存的值,不在范围内的创建新对象,除非有必要特意创建对象,否则应该使用这个来获取 Long 对象。valueOf(String,int)转换指定基数的字符串为 Long,valueOf(String)为它的十进制形式。

(16)public compare(long,long):比较大小。

(17)public compareUnsigned(long,long):无符号比较大小。

6. Boolean 类的使用方法

Boolean 类将基本类型为 boolean 的值包装在一个对象中。其属性和方法具体介绍如下。

(1)public static final Boolean TRUE=new Boolean(true):true 的 Boolean 对象。

(2)public static final Boolean FALSE=new Boolean(false):false 的 Boolean 对象。

(3)public static final Class<Boolean>TYPE=Class. getPrimitiveClass("boolean"):基本类型 boolean 的 Class 对象。

(4)public Boolean(boolean value):分配一个表示 value 参数的 Boolean 对象。

(5)public Boolean(String s):如果 String 参数不为 null 且在忽略大小写时等于“true”,则分配一个表示 true 值的 Boolean 对象;否则分配一个表示 false 值的 Boolean 对象。

(6)public static boolean parseBoolean(String s):将字符串参数解析为 boolean 值。如果 String 参数不是 null 且在忽略大小写时等于“true”,则返回的 boolean 表示 true 值。

(7)public boolean booleanValue():将此 Boolean 对象的值作为基本布尔值返回。

(8)public static Boolean valueOf(boolean b):指定 boolean 值的 Boolean 实例。

(9)public static Boolean valueOf(String s):指定的字符串表示值的 Boolean 值。

(10)public static String toString(boolean b):指定布尔值的 String 对象。

(11)public String toString():返回表示该布尔值的 String 对象。

(12)public int hashCode():返回该 Boolean 对象的哈希码。

(13)public boolean equals(Object obj):表示同一个 Boolean 值的 boolean 对象时,才返回 true。

(14)public static boolean getBoolean(String name):等于“true”字符串时,才返回 true。

(15)public int compareTo(Boolean b):将此 Boolean 实例与其他实例进行比较。

(16)public static int compare(boolean x,boolean y):两个 boolean 值比较。

(17)private static boolean toBoolean(String name):将字符串转换成 boolean 值。

7. Byte 类的使用方法

Byte 类继承抽象类 Number,将基本类型 byte 的值包装在一个对象中。其属性和方法如下。

(1)public static final byte MIN_VALUE=-128:最小值。

(2)public static final byte MAX_VALUE=127:最大值。

(3)public static final Class<Byte>TYPE=(Class<Byte>)Class. getPrimitiveClass("byte"):基本类型 byte 的 Class 对象。

(4)public static String toString(byte b):返回 Byte 的值的 String 对象。

(5)public String toString()或者 private static class ByteCache:缓存对象。

(6)public static Byte valueOf(byte b):根据 byte 返回 Byte 对象。

(7)public static byte parseByte(String s,int radix):将字符串转成 byte。

(8)public static byte parseByte(String s)或者 public static Byte valueOf(String s,int radix):将字符串转成 Byte 对象。

(9)public static Byte valueOf(String s)或者 public static Byte decode(String nm):字符串解码成 Byte 对象。

(10)public Byte(byte value)或者 public Byte(String s):构造方法。

(11)public byte byteValue():返回 byte。

(12)public short shortValue():byte 转成 short。

(13)public int intValue():byte 转成 int。

(14)public long longValue():byte 转成 long。

(15)public float floatValue():byte 转成 float。

(16)public double doubleValue():byte 转成 double。

(17)public int hashCode():返回 hashCode。

(18)public boolean equals(Object obj):比较对象是否相等。

(19)public int compareTo(Byte anotherByte)或 public static int compare(byte x,byte y):比较 2 个对象大小。

8. Character 类的使用方法

1)构造方法

public Character(char value):以 char 参数构造一个 Character 对象。

2)属性

static int MIN_RADIX:返回最小基数。

static int MAX_RADIX:返回最大基数。

static char MAX_VALUE:字符类型的最大值。

static char MIN_VALUE:字符类型的最小值。

static ClassTYPE:返回当前类型。

3)方法

(1)public char charValue():返回字符对象的值。

(2) public int compareTo(Character anotherCharacter):当前 Character 对象与 anotherCharacter 比较。二者为相等关系返回 0;二者为小于关系返回负数;二者为大于关系返回正数。

(3)public int compareTo(Object o):当前对象与另一个对象进行比较。如果 o 是 Character 对象,则与(2)功能一样;否则,抛出 ClassCastException 异常。

(4)public static int digit(char ch,int radix):根据基数返回当前字符的值的十进制。如果不满足 Character. MIN_RADIX<=radix<=Character. MAX_RADIX,或者 ch 不是 radix 基数中的有效值,返回"-1";如果 ch 取大写的 A 到 Z 之间的值,则返回 ch-'A'+10 的值;如果取小写的 a 到 z 之间的值,返回 ch-'a'+10 的值。

(5)public boolean equals(Object obj):与 obj 对象比较。当且仅当 obj 不为"null"并且和当前 Character 对象一致时返回"true"。

(6)public static char forDigit(int digit,int radix):根据特定基数判断当前数值表示的字符。例如:4 的逆运算,非法数值时返回"\u0000"。

(7)public static int getNumericValue(char ch):返回字符 ch 的数值。

(8)public static int getType(char ch):返回字符所属类型。具体有哪些种类请查看 Java 文档资料。

(9)public int hashCode():返回当前字符的哈希码。

(10)public static Boolean isDefined(char ch):判断字符 ch 在 Unicode 字符集是否已明确定义。

(11)public static Boolean isDigit(char ch):判断字符 ch 是否为数字。

(12)public static Boolean isIdentifierIgnorable(char ch):判断字符 ch 是否为 Unicode 字符集中可忽略的字符。

(13)public static boolean isISOControl(char ch):判断字符 ch 是否为 ISO 标准中的控制字符。

(14)public static Boolean isJavaIdentifierPart(char ch):判断字符 ch 是否为 Java 中的部分标识符。

(15)public static Boolean isJavaIdentifierStart(char ch):判断字符 ch 是否为 Java 中的第一个标识符。

(16)public static Boolean isLetter(char ch):判断字符 ch 是否为字母。

(17)public static Boolean isLetterOrDigit(char ch):判断字符 ch 是否为字母或数字。

(18)public static Boolean isLowerCase(char ch):判断字符 ch 是否为小写字母。

(19)public static Boolean isMirrored(char c):根据 Unicode 表判断字符 c 是否存在与之方向相反的字符。例如:“[”存在与之方向相反的“]”,结果为:true。

(20)public static Boolean isSpaceChar(char ch):判断字符 ch 是否为 Unicode 中的空格。

(21)public static Boolean isUpperCase(char ch):判断字符 ch 是否为大写字母。

(22)public static Boolean isWhitespace(char ch):判断字符 ch 是否为 Java 定义中的空字符。其中包括:

```
char c1= '\u0009';//水平列表符
char c2= '\u000A';//换行
char c3= '\u000B';//垂直列表符
char c4= '\u000C';//换页
char c5= '\u000D';//回车
char c6= '\u001C';//文件分隔符
char c7= '\u001D';//组分隔符
char c8= '\u001E';//记录分隔符
char c9= '\u001F';//单元分隔符
```

(23)public static char toLowerCase(char ch):转换 ch 是否为小写。

(24)public String toString():将当前 Character 对象转换成字符串。

(25)public static String toString(char c):此为类方法,将 c 转换成字符串。

(26)public static char toUpperCase(char ch):转换 ch 是否为大写。

课堂训练

编写一个程序,实现从命令行参数输入两个字符类型的数值,并计算输出两个数值的和。

任务2 字符串操作类的使用

任务导入

任务2.4 创建StringDemo1类,求给定字符串的子串。

算法分析

(1)从指定的位置开始,一直到字符串结尾。只需在substring()方法的参数中指定一个参数。如果角标不存在,则会出现字符串角标越界异常。

(2)获取整个字符串时,substring()方法的第一个参数是0,第二个参数是整个字符串的长度。

(3)获取部分字符串时,substring()方法的第一个参数和第二个参数都是在0至(字符串长度—1)范围内的数据。

参考代码

```
public class StringDemo2{
    // 获取字符串中的一部分
    public static void method_sub(){
        String s="0123456789abcdefghijklmnopqrstuvwxyz";
        sop("原字符串为");
        sop(s);
         // 从指定位置到结尾。如果角标不存在,则会出现字符串角标越界异常
        String s1=s.substring(9);
        sop("获取的子串 s1 为:");
        sop(s1);
        String s2=s.substring(7,20);// 包含头,不包含尾
        // 获取整个字符串
        s.substring(0,s.length());
        sop("获取的子串 s2 为:");
        sop(s2);
  }
// 主方法
public static void main(String[] args){
        method_sub();
  }
public static void sop(Object obj){
        System.out.println(obj);
    }
}
```

程序的运行结果如下。

```
原字符串为
0123456789abcdefghijklmnopqrstuvwxyz
获取的子串 s1 为:
9abcdefghijklmnopqrstuvwxyz
获取的子串 s2 为:
789abcdefghij
```

任务 2.5 创建 StringDemo5 类，获取指定位置上的字符。

算法分析

利用 charAt()根据索引获取指定位置上的字符，注意当访问到字符串中不存在的角标时，会发生 StringIndexOutOfBoundsException 异常。

参考代码

```java
public class StringDemo5 {
    // 获取
    public static void method_get(){
        String str="abcdeakpf";
        sop("字符串为:"+str);
        // 长度
        sop("字符串的长度为:"+str.length());
        // 根据索引获取字符
        sop("角标为四的位置上的字符为:"+str.charAt(4));
        // 根据字符获取索引,如果没有找到返回-1
        sop("从角标为 3 的位置开始往后索引 a 出现的位置为:"+str.indexOf('a',3));
        // 反向索引一个字符出现的位置
        sop("从字符串右面开始索引第一个 a 出现的位置为:"+str.lastIndexOf("a"));
    }
    // 主方法
    public static void main(String[] args){
        method_get();
    }
    public static void sop(Object obj){
        System.out.println(obj);
    }
}
```

程序的运行结果如下。

```
字符串为:abcdeakpf
字符串的长度为:9
角标为四的位置上的字符为:e
从角标为 3 的位置开始往后索引 a 出现的位置为:5
从字符串右面开始索引第一个 a 出现的位置为:5
```

任务 2.6 创建 StringDemo1 类，对给定的字符串实现大小写转换，去除空格和比较操作，并将结果输出显示在控制台。

算法分析

利用 toUpperCase()、toLowerCase()、trim()方法实现字符串的大小写转换和去除空格操作；利用 compareTo()方法实现两个字符串的比较。

参考代码

```
public class StringDemo1 {
    // 转换，去除空格，比较
    public static void method_change(){
        String s="Hello Java";
        sop("原字符串为："+s);
        sop(s.toUpperCase());
        sop(s.toLowerCase());
        sop(s.trim());
        String s1="acc";
        String s2="aaa";
        sop(s1.compareTo(s2));
    }
    // 主方法
    public static void main(String[] args){
        method_change();
    }
    public static void sop(Object obj){
        System.out.println(obj);
    }
}
```

程序的运行结果如下。

```
原字符串为：Hello Java
HELLO JAVA
hello java
Hello Java
2
```

任务 2.7 创建 StringDemo3 类，对给定的字符串进行切割。

算法分析

对字符串进行切割时，利用一个字符串数组保存切割后的各个子串。

参考代码

```
public class StringDemo3 {
    // 切割
    public static void method_split(){
```

```
            String s="zhangsan,lisi,wangwu";
            String[] arr=s.split(",");
            sop("原字符串为:");
            sop(s);
            sop("切割后的字符串为:");
            for(int x=0;x<arr.length;x++){
              System.out.print(arr[x]+" ");
            }
            System.out.println();
        }
        // 主方法
        public static void main(String[] args){
            method_split();
        }
        public static void sop(Object obj){
            System.out.println(obj);
        }
    }
```

程序的运行结果如下。

```
原字符串为:
zhangsan,lisi,wangwu
切割后的字符串为:
zhangsan lisi wangwu
```

任务 2.8 创建 StringDemo6 类，用一个字符去替换给定字符串中的某个字符。

算法分析

利用字符串的 replace()方法将字符串中的内容进行替换。

参考代码

```
public class StringDemo7 {
    // 替换
    public static void method_replace(){
        String s=" welcome whcvc ";
        // 如果要替换的字符不存在，则返回的还是原字符串
        String s1=s.replace('c','j');
        sop("原来的字符串为:"+s);
        sop("替换字符后的字符串为:"+s1);
    }
    // 主方法
    public static void main(String[] args){
        method_replace();
    }
```

```
    public static void sop(Object obj){
        System.out.println(obj);
    }
}
```

程序的运行结果如下。

原来的字符串为:welcome whcvc

替换字符后的字符串为:weljome whjvj

任务 2.9 创建 StringDemo6 类,实现字符数组与字符串的相互转换。

算法分析

利用 toCharArray()可以将一个字符串转换成一个字符数组;通过 char 数组构造字符串对象,可实现字符数组向字符串的转换。

参考代码

```
public class StringDemo6 {
    // 转换
    public static void method_trans(){
        char[] arr={ 'a','b','c','d','e','f','g','h' };
        String str="jkasdhavsgjv";
        char[] a=str.toCharArray();// 字符串转换成字符数组的操作
        System.out.print("将字符串转换为字符数组为:[");
        for(int i=0;i<a.length;i++){
            if(i<a.length-1)
                System.out.print(a[i]+",");
            else
                System.out.print("]");
        }
        System.out.println();
        // 字符数组操作
        System.out.print("字符数组为:[");
        for(int i=0;i<arr.length;i++){
            if(i<arr.length-1)              System.out.print(arr[i]+",");
            else
                System.out.print("]");
        }
        System.out.println();
        String s=new String(arr);
        sop("数组 arr 转换成字符串为:"+s);
        // 获取从角标为 1 的位置的字符开始三个字符
        String s1=new String(arr,1,3);
        sop("从角标为 1 的位置的字符开始三个字符组成的字符串为:"+s1);
    }
    // 主方法
```

```
    public static void main(String[] args){
        method_trans();
    }
    public static void sop(Object obj){
        System.out.println(obj);
    }
}
```

程序的运行结果如下。

```
将字符串转换为字符数组为:[j,k,a,s,d,h,a,v,s,g,j,]
字符数组为:[a,b,c,d,e,f,g,]
数组 arr 转换成字符串为:abcdefgh
从角标为 1 的位置的字符开始三个字符组成的字符串为:bcd
```

任务 2.10 创建 StringDemo4 类,判断是否以某个字符串开头或者结尾;对给定的两个字符串进行比较判断。

算法分析

startsWith()方法用于判断是否以某个字符串开头;endsWith()方法用于判断是否以某个字符串结尾;contains()方法用于判断字符串中是否包含某个字符串;equals()方法用于判断两个字符串是否相同(区分大小写);equalsIgnoreCase()方法用于判断两个字符串是否相同(不区分大小写)。

参考代码

```
public class StringDemo4 {
    // 判断
    public static void method_is(){
        String str="ArrayDemo.java";
        String str1="arraydemo.java";
        //判断文件名称是否以 Array 开头
        sop(str.startsWith("Array"));
        // 判断文件名称是否是以.java 结尾
        sop(str.endsWith(".java"));
        // 判断文件名称中是否包含 Demo
        sop(str.contains("Demo"));
        // 判断两个文件名是否相同(区分大小写)
        sop(str.equals(str1));
        // 判断两个文件名是否相同(不区分大小写)
        sop(str.equalsIgnoreCase(str1));
    }
    // 主方法
    public static void main(String[] args){
        method_is();
    }
```

```
    public static void sop(Object obj){
        System.out.println(obj);
    }
}
```

程序的运行结果如下。

```
true
true
true
false
true
```

知识点

一、String类的使用

1. String类的构造方法

- publicString():构造一个空字符串对象。
- publicString(byte[] bytes):通过byte数组构造字符串对象。
- publicString(byte[] bytes,int offset,int length):通过byte数组,从offset开始,构造总共length长的字节数的字符串对象。
- publicString(char[] value):通过char数组构造字符串对象。
- publicString(char[] value,int offset,int count):通过char数组,从offset开始,构造总共length长的字节数的字符串对象。
- publicString(String original):构造一个original的副本,即复制一个original。
- publicString(StringBuffer buffer):通过StringBuffer数组构造字符串对象。

2. String类的常用方法之一——获取

(1)int length();获取字符串字符的个数,即字符串长度。

(2)char charAt(int index);根据位置获取字符。

(3)根据字符(字符串)获取在字符串中的位置。

indexOf自前向后找:

```
int indexOf(int ch);
int indexOf(int ch,int fromIndex);
int indexOf(String str);
int indexOf(String str,int fromIndex);
```

lastIndexOf自后向前找:

```
int lastIndexOf(int ch);
int lastIndexOf(int ch,int fromIndex);
int lastIndexOf(String str);
int lastIndexOf(String str,int fromIndex);
```

查找的时候，应当注意不要越界，否则抛出异常。如果没有查找到，通常返回－1，可以根据此判断字符或者字符串是否存在。

（4）获取字符串中的一部分字符串，或者称为子串。

```
String substring(int beginIndex,int endIndex);
```

substring方法返回String，有beginIndex和endIndex两个参数。其截取至endIndex之前的一个字符，即beginIndex到endIndex－1。

```
String substring(int beginIndex);
```

重载方法有substring，只有一个参数，表示从指定的位置开始，一直到字符串结尾。

3. String类的常用方法之一——转换

（1）将字符串变成几部分。用splite()依法将字符串切割成数值。

```
String[] split(String regex,int limit);
```

例如：

```
String s= "张三、李四、王五";
String []arr= s.split(",");
```

（2）将字符串变成字符数组。

```
Char[] toCharArray();
```

（3）将字符串变成字节数组。

```
Byte[] getBytes(String charsetName);
```

例如：

```
String s= "ab你";
byte []arr= str.getBytes();
```

（4）字符串中的大小写转换。

- String toUpperCase()；将字符串中的小写字符转换成大写。
- String toLowerCase()；将字符串中的大写字符转换成小写字符。

（5）将字符串中的内容进行替换。

```
String replace(char oldChar,char newChar);
String replace(CharSequence target,CharSequence replacement);
```

CharSequence是String已经实现的接口。

（6）将字符串两端的空格去掉。

```
String trim();
```

（7）将字符串进行连接。

```
String concat(String str);
```

concat方法的作用和“＋”的作用差不多相似，只是前者显得更加专业。

（8）value()方法。

此方法为String类的静态方法，参数为各种基本数据类型，作用是将基本数据类型转换成字符串。

4. String类的常用方法之一——判断

（1）判断两个字符串内容是否相同。

```
boolean equals(Object anObject);
boolean equalsIgnoreCase(String anotherString)//忽略大小写进行比较，其实就是先转换成
                                               大写或者小写再进行比较
```

（2）判断字符串中是否包含某个字符串。

```
boolean contains(CharSequence s);
```

其实使用 indexOf 方法也可以达到相同的目的。

（3）判断字符串是否以指定字符开头，是否以指定字符串结尾。

```
boolean endsWith(String suffix);
boolean startsWith(String prefix);
```

5. String 类的常用方法之一——比较方法

```
int compareTo(String anotherString);
int compareToIgnoreCase(String str);
```

按照字典顺序比较两个字符串。基本数据类型使用的是比较运算符，而对象比较使用的是 compareTo 方法。

二、StringBuffer 类的使用

StringBuffer 是一个类似于 String 的字符串缓冲区，但不能修改。虽然在任意时间点上它都包含某种特定的字符序列，但通过某些方法调用可以改变该序列的长度和内容。

1. StringBuffer 类的构造方法

（1）public StringBuffer()：构造一个不带字符的字符串缓冲区，初始容量为 16 个字符。

（2）public StringBuffer(int capacity)：指定容量的字符串缓冲区对象。

（3）public StringBuffer(String str)：指定字符串内容的字符串缓冲区对象。

2. StringBuffer 类的方法

（1）public int capacity()：返回当前容量理论值。

（2）public int length()：返回长度（字符数）实际值。

3. StringBuffer 的添加功能

（1）public StringBuffer append(String str)：可以把任意类型数据添加到字符串缓冲区里面，并返回字符串缓冲区本身。

（2）public StringBuffer insert(int offset,String str)：在指定位置把任意类型的数据插入到字符串缓冲区里面，并返回字符串缓冲区本身。

4. StringBuffer 的删除功能

（1）public StringBuffer deleteCharAt(int index)：删除指定位置的字符，并返回本身。

（2）public StringBuffer delete(int start,int end)：删除从指定位置开始指定位置结束的内容，并返回本身。

5. StringBuffer 的替换功能

（1）public StringBuffer replace(int start,int end,String str)：从 start 开始到 end 用 str 替换。

（2）public StringBuffer reverse()：字符串反转。

（3）public String substring(int start)：从指定位置截取到末尾。

三、StringBuilder 类的使用

StringBuilder 类提供了一个与 StringBuffer 兼容的 API，即功能用法与 StringBuffer 一

模一样，但是这两个类还是有不同点的。StringBuffer 在 JDK 1.0 中就出现了，线程安全。StringBuilder 在 JDK 1.5 中才出现，线程不安全。StringBuffer 类中有 append 方法和 delete 方法，如果一个线程调用 append 方法，另一个线程同时调用 delete 方法，在不加同步锁的情况下，就会出现线程安全性问题。JDK 1.0 考虑的线程安全性多一点，所以加上了同步；使用同步使得线程更加安全，但是其仅仅在多线程编程中更安全。如果是单线程，由于不会出现线程安全性问题，所以如果经常使用 StringBuffer 类的 append 方法和 delete 方法，就会极大地降低程序的执行效率，这是每次调用方法都必须判断造成的。JDK1.5 考虑到了这一点，所以将同步去掉，重新创建了 StringBuilder 类，这是考虑到程序执行效率之后的结果。而 StringBuilder 类出现的目的正是为了提高效率，其付出的代价就是不安全。

课堂训练

1. 编写一个程序，实现从命令行参数输入一个字符串，统计该字符串中字符“a”出现的次数。

2. 在控制台分别输入字符串和子字符串，并计算字符串中子字符串出现的次数。

3. 有一个字符串，其中包含中文字符、英文字符和数字字符，请统计和打印出各个字符的个数。

4. 有一种数叫回文数，其正读和反读都一样，如 12321 便是一个回文数。编写一个程序，从命令行得到一个整数，判断该整数是不是回文数。

任务 3　日期时间类的使用

任务导入

任务 2.11　创建 DateDemo1 类，输出当前日期和时间。

算法分析

利用 DateFormat 对 Date 类对象数据进行格式化。

参考代码

```
import java.text.DateFormat;
import java.util.Date;
public class DateDemo1 {
    public static void main(String[] args){
        DateFormat df1=null;
        DateFormat df2=null;
        df1=DateFormat.getDateInstance();
        df2=DateFormat.getDateTimeInstance();
        System.out.println("DATE:"+df1.format(new Date()));
```

```
        System.out.println("DATETIME:"+df2.format(new Date()));
    }
}
```

其运行结果如下。

```
DATE:2019-7-16
DATETIME:2019-7-16 10:09:24
```

任务 2.12 创建 DateDemo2 类，将给定的日期字符串解析成指定格式的日期和时间。

算法分析

(1)通过 SimpleDateFormat 指定格式。

(2)利用字符串的解析方法 parse 对日期字符串进行解析。

参考代码

```
import java.text.ParseException;
import java.text.SimpleDateFormat;
import java.util.Date;
public class DateDemo2 {
    public static void main(String[] args)throws ParseException {
        String dateStr="2019-06-09 17:59:20";
        SimpleDateFormat sdf1=new SimpleDateFormat("yyyy-MM-dd HH:mm:ss");
        SimpleDateFormat sdf2=new SimpleDateFormat("yyyy年MM月dd日  HH时mm
分ss秒");
        Date d=sdf1.parse(dateStr);
        String df=sdf2.format(d);
        System.out.println(df);
    }
}
```

其运行结果如下。

```
2019年06月09日  17时59分20秒
```

任务 2.13 创建 CalendarDemo 类，获取当前系统日期和时间，以及是上午还是下午，按照“××××年×月×日×时”的格式显示当前日期，根据当前日期输出5年后提前15天的“××××年×月×日×时”的格式。

算法分析

(1)其日历字段已用当前日期和时间初始化。

(2)通过 get 方法获取年、月、日、时、上午还是下午等信息。

> **注意：**
> 在如下的代码程序中，约定日期向前推算的天数必须是小于当前日期的，向后推算的天数必须是用小于该年该月的最大日期数减去当前日期后得到的数据，否则程序会出现逻辑错误。

参考代码

```
import java.util.Calendar;
```

```
public class CalendarDemo {
    public static void main(String[] args){
    // 其日历字段已用当前日期和时间初始化
    Calendar rightNow=Calendar.getInstance();// 创建子类对象
    // 获取年
    int year=rightNow.get(Calendar.YEAR);
    // 获取月
    int month=rightNow.get(Calendar.MONTH);
    // 获取日
    int date=rightNow.get(Calendar.DATE);
    //获取时间
    int hour=rightNow.get(Calendar.HOUR_OF_DAY);
    //获取上午还是下午
    int moa=rightNow.get(Calendar.AM_PM);
    if(moa==1)
    System.out.println("下午");
    else
    System.out.println("上午");
    //获取当前日期和时间
    System.out.println(year+"年"+(month+1)+"月"+date+"日"+hour+"时");
    //年份往后加 5 年
    rightNow.add(Calendar.YEAR,5);
    //日期向前推 15 天
    rightNow.add(Calendar.DATE,-15);
    int year1=rightNow.get(Calendar.YEAR);
    int date1=rightNow.get(Calendar.DATE);
    System.out.println(year1+"年"+(month+1)+"月"+date1+"日"+hour+"时");
    }
}
```

程序运行结果如下。

上午
2019 年 7 月 16 日 9 时
2024 年 7 月 1 日 9 时

知识点

一、Date 类

1. 创建一个当前时间的 Date 对象

```
Date d= new Date();
```

2. 创建一个指定时间的 Date 对象

使用带参数的构造方法

```
Date(int year,int month,int day)
```

可以构造指定日期的 Date 类对象。其中,Date 类中年份的参数应该是实际需要代表的年份减去 1900,实际需要代表的月份减去 1 以后的值。

例如:创建一个代表 2014 年 6 月 12 号的 Date 对象,具体如下。

```
Date d1=new Date(2014-1900,6-1,12);//注意参数的设置
```

3. 正确获得一个 date 对象所包含的信息

例如:

```
    Date d2=new Date(2014-1900,6-1,12);
        //获得年份(注意年份要加上 1900,这样才是日期对象 d2 所代表的年份)
        int year=d2.getYear()+1900;
        //获得月份(注意月份要加 1,这样才是日期对象 d2 所代表的月份)
        int month=d2.getMonth()+1;
        //获得日期
        int date=d2.getDate();
        //获得小时
        int hour=d2.getHours();//不设置默认为 0
        //获得分钟
        int minute=d2.getMinutes();
        //获得秒
        int second=d2.getSeconds();
   //获得星期(0 代表星期日、1 代表星期 1、2 代表星期 2,…,依此类推)
int day=d2.getDay();
```

Date 类是一个常用的类,但是其操作的日期格式会有一些不符合人们的要求。如果要进一步取得自己需要的时间,则可以使用 Calendar 类。

二、Calendar 类

Calendar 类的功能要比 Date 类强大很多,可以方便地进行日期的计算。其获取日期中的信息时还考虑了时区等问题,并且在实现方式上也比 Date 类要复杂一些。

1. Calendar 类对象的创建

由于 Calendar 类是抽象类,并且 Calendar 类的构造方法是 protected 的,所以无法使用 Calendar 类的构造方法来创建对象,故 API 中提供了 getInstance 方法用来创建对象。

2. 创建一个代表系统当前日期的 Calendar 对象

```
Calendar c=Calendar.getInstance();
```

其中,系统默认的是当前日期。

3. 创建一个指定日期的 Calendar 对象

使用 Calendar 类代表特定的时间,需要首先创建一个 Calendar 的对象,然后再设定该对象中的年、月、日参数来完成。

```
//创建一个代表 2014 年 5 月 9 日的 Calendar 对象
Calendar c1=Calendar.getInstance();
c1.set(2014,5-1,9);//调用 public final void set(int year,int month,int date)
```

4. Calendar 类对象信息的设置

1)Set 设置

例如：

```
    Calendar c1=Calendar.getInstance();
    //调用:public final void set(int year,int month,int date)
  c1.set(2014,6-1,9);//把 Calendar 对象 c1 的年月日分别设置为:2014、6、9
```

2)利用字段类型设置

如果只设定某个字段，如日期的值，则可以使用 public void set(int field,int value)。

```
//把 c1 对象代表的日期设置为 10 号，其他所有的数值会被重新计算
   c1.set(Calendar.DATE,10);
//把 c1 对象代表的年份设置为 2014 年，其他的所有数值会被重新计算
   c1.set(Calendar.YEAR,2014);
```

其他字段属性 set 的意义依此类推。

Calendar 类中用以下这些常量表示不同的意义，JDK 中的很多类其实都是采用的这种思想。

- Calendar. YEAR：年份。
- Calendar. MONTH：月份。
- Calendar. DATE：日期。
- Calendar. DAY_OF_MONTH：日期，与上面的字段意义相同。
- Calendar. HOUR：12 小时制的小时。
- Calendar. HOUR_OF_DAY：24 小时制的小时。
- Calendar. MINUTE：分钟。
- Calendar. SECOND：秒。
- Calendar. DAY_OF_WEEK：星期几。

3)Add 设置，可用于计算时间

```
Calendar c1=Calendar.getInstance();
```

如果把 c1 对象的日期加上 10，也就是 c1 所代表的日期的 10 天后的日期，其他所有的数值会被重新计算，例如：

```
c1.add(Calendar.DATE,10);
```

如果把 c1 对象的日期加上－10，也就是 c1 所代表的日期的 10 天前的日期，其他所有的数值会被重新计算，例如：

```
c1.add(Calendar.DATE,-10);
```

其他字段属性的 add 的意义依此类推。

5. Calendar 类对象信息的获得

使用 get()方法实现 Calendar 类对象信息的获得。例如：

```
Calendar c1=Calendar.getInstance();
// 获得年份
```

```
int year=c1.get(Calendar.YEAR);
// 获得月份
int month=c1.get(Calendar.MONTH)+1;(MONTH+1)
// 获得日期
int date=c1.get(Calendar.DATE);
// 获得小时
int hour=c1.get(Calendar.HOUR_OF_DAY);
// 获得分钟
int minute=c1.get(Calendar.MINUTE);
// 获得秒
int second=c1.get(Calendar.SECOND);
// 获得星期几(注意其与 Date 类的不同之处:1 代表星期日,2 代表星期 1,3 代表星期二,依此类推)
int day=c1.get(Calendar.DAY_OF_WEEK);
```

三、GregorianCalendar 类

GregorianCalendar 是 Calendar 的一个具体子类,提供了世界上大多数国家使用的标准日历系统。

1. GregorianCalendar 类对象的创建

GregorianCalendar 有自己的构造方法,而其父类 Calendar 没有公开的构造方法。

GregorianCalendar()在具有默认语言环境的默认时区内使用当前时间构造一个默认的 GregorianCalendar。

在具有默认语言环境的默认时区内构造一个带有给定日期设置的 GregorianCalendar,具体如下。

```
GregorianCalendar(int year,int month,int dayOfMonth)
GregorianCalendar(int year,int month,int dayOfMonth,int hourOfDay,int minute)。
GregorianCalendar(int year, int month, int dayOfMonth, int hourOfDay, int minute, int
second)
```

2. 创建一个代表当前日期的 GregorianCalendar 对象

```
GregorianCalendar gc= new GregorianCalendar();
//创建一个代表 2014 年 6 月 19 日的 GregorianCalendar 对象
//注意参数设置,与其父类是一样,月份要减去 1
GregorianCalendar gc= new GregorianCalendar(2014,6- 1,19);
```

3. 判断给定的年份是否为闰年

GregorianCalendar 有如下的方法:

```
boolean isLeapYear(int year)
```

来确定给定的年份是否为闰年。

四、DateFormat 格式转换类

Date Format 类是一个日期的格式化类,专门用来格式化日期。由于 Date 类已经包含了完整的日期,只需要将此日期进行格式化操作即可。DateFormat 类是一个抽象类,需要

子类进行实例化，但是该类本身提供了实例化操作。

（1）得到日期的 DateFormat 对象。

```
public static DateFormat getDateInstance()
```

（2）得到日期时间的 DateFormat 对象。

```
public static DateFormat getDateTimeInstance()
```

（3）将一个 Date 格式化为日期/时间字符串。

```
public String format(Date date)
```

五、SimpleDateFormat 实现类

Simple DateFormat 类是 DateFormat 类的子类，用于完成日期的格式化操作。可以将一种日期格式变换成另一种日期格式。例如：将原始日期 2018-04-09 17:59:20 转换为 2018 年 04 月 09 日 17 时 59 分 20 秒。通过对比可以发现，转换的日期数字相同，但是显示的格式不同。SimpleDateFormat 类可以实现 String 到 Date、Date 到 String 的相互转换。要实现转换，首先要指定一个模板。一般情况下，DateFormat 类很少直接使用，而是使用 SimpleDateFormat 完成。

课堂训练

1. 巴黎时间比北京时间晚 7 个小时，纽约时间比北京时间晚 12 个小时。试编写一个程序，根据输入的北京时间输出相应的巴黎时间和纽约时间。

2. 编写 Java 程序，在充分理解任务 2.13 的基础上，如果给定任意的一个向前或向后的天数，如何得到从给定日期开始计算的向前或者向后的具体日期。

任务 4 数字处理类的使用

任务 2.14 创建 NumberFormatDemo 类，对给定的数据进行格式化后输出。

算法分析

定义一个 NumberFormat 类，利用 getInstance()获取当前默认语言环境的数字格式，再利用 format()方法格式化。

参考代码

```
import java.text.NumberFormat;
public class NumberFormatDemo {
public static void main(String[] args){
        NumberFormat nf=NumberFormat.getInstance();
        System.out.println("格式化后显示数字:"+nf.format(10000000));
        System.out.println("格式化后显示数字:"+nf.format(10000.345));
    }
```

```
}
```

程序的运行结果如下。

```
格式化后显示数字:10,000,000
格式化后显示数字:10,000.345
```

任务 2.15 创建 FormatDemo 类,使用各种指定的格式对数据进行格式化并输出。

算法分析

利用 format 方法对数据进行格式化。

参考代码

```
import java.text.DecimalFormat;
public class FormatDemo {
    public void format(String pattern,double value){
        DecimalFormat df=new DecimalFormat(pattern);
        String str=df.format(value);
        System.out.println("使用"+pattern+"\t 格式化数字"+value+":\t"+str);
    }
    public static void main(String[] args){
        FormatDemo demo=new FormatDemo();
        demo.format("###,###.###",111222.34567);
        demo.format("000,000.000",11222.34567);
        demo.format("###,###.###$",111222.34567);
        demo.format("000,000.000￥",11222.34567);
        demo.format("##.###%",0.345678);            // 使用百分数形式
        demo.format("00.###% ",0.0345678);            // 使用百分数形式
        demo.format("###.###\u2030",0.345678);       // 使用千分数形式
    }
}
```

程序的运行结果如下。

```
使用###,###.###格式化数字 111222.34567:111,222.346
使用 000,000.000 格式化数字 11222.34567:011,222.346
使用###,###.###$ 格式化数字 111222.34567:111,222.346$
使用 000,000.000￥格式化数字 11222.34567:011,222.346￥
使用##.###% 格式化数字 0.345678:34.568%
使用 00.###% 格式化数字 0.0345678:03.457%
使用###.###‰格式化数字 0.345678:345.678‰
```

任务 2.16 创建 MathDemo 类,根据给定的值通过常用 Math 类方法输出显示结果。

算法分析

Math 类是一个工具类,它的构造器被设置为 private,无法创建 Math 类的对象。在 Math 类中,基本所有的类方法都是静态方法,可以直接通过类名来调用它们。

参考代码

```
public class MathDemo {
    public static void main(String[] args){
        System.out.println("Math.PI="+Math.PI);
        System.out.println("Math.E="+Math.E);
        // 计算正弦
        System.out.println("Math.sin(3.14)="+Math.sin(3.14));
        // 计算反正弦
        System.out.println("Math.asin(0.5)="+Math.asin(0.5));
        // 计算余弦
        System.out.println("Math.cos(3.14)="+Math.cos(3.14));
        // 计算反余弦
        System.out.println("Math.acos(2.5)="+Math.acos(2.5));
        // 计算正切
        System.out.println("Math.tan(0.2)="+Math.tan(0.2));
        // 计算反正切
        System.out.println("Math.atan(1.5)="+Math.atan(1.5));
        // 计算商的反正切
        System.out.println("Math.atan2(3.1,1)="+Math.atan2(3.1,1));
        // 将弧度转换角度
        System.out.println("Math.toDegrees(3.14)="+Math.toDegrees(3.14));
        // 将角度转换为弧度
        System.out.println("Math.toRadians(120)="+Math.toRadians(120));
        // 取整,返回大于目标数的最小整数
        System.out.println("Math.ceil(5.2)="+Math.ceil(5.2));
        // 取整,返回小于目标数的最大整数
        System.out.println("Math.floor(-2.5)="+Math.floor(-2.5));
        // 计算绝对值
        System.out.println("Math.abs(-8.5)="+Math.abs(-8.5));
        // 求余
        System.out.println("Math.IEEEremainder(10,4)="+Math.IEEEremainder(10,4));
        // 找出最大值
        System.out.println("Math.max(3.0,5.2)="+Math.max(3.0,5.2));
        // 计算最小值
        System.out.println("Math.min(2.4,3.8)="+Math.min(2.4,3.8));
        // 求开方
        System.out.println("Math.sqrt(1.5)="+Math.sqrt(1.5));
        // 计算乘方
        System.out.println("Math.pow(9,2)="+Math.pow(9,2));
        // 求 e 的任意次方
        System.out.println("Math.exp(5)="+Math.exp(5));
        // 计算底数为 10 的对数
```

```
            System.out.println("Math.log10(5)="+Math.log10(5));
            // 计算自然对数
            System.out.println("Math.log(10)="+Math.log(10));
            // 求距离某数最近的整数
            System.out.println("Math.rint(2.3)="+Math.rint(2.3));
            // 四舍五入取整
            System.out.println("Math.round(5.5)="+Math.round(5.5));
            // 返回一个伪随机数,该值大于等于 0.0 且小于 1.0
            System.out.println("Math.random()="+Math.random());
        }
    }
```

程序的运行结果如下。

```
Math.PI= 3.141592653589793
Math.E= 2.718281828459045
Math.sin(3.14)= 0.0015926529164868282
Math.asin(0.5)= 0.5235987755982989
Math.cos(3.14)= - 0.9999987317275395
Math.acos(2.5)= NaN
Math.tan(0.2)= 0.2027100355086725
Math.atan(1.5)= 0.982793723247329
Math.atan2(3.1,1)= 1.2587542052323633
Math.toDegrees(3.14)= 179.90874767107852
Math.toRadians(120)= 2.0943951023931953
Math.ceil(5.2)= 6.0
Math.floor(- 2.5)= - 3.0
Math.abs(- 8.5)= 8.5
Math.IEEEremainder(10,4)= 2.0
Math.max(3.0,5.2)= 5.2
Math.min(2.4,3.8)= 2.4
Math.sqrt(1.5)= 1.224744871391589
Math.pow(9,2)= 81.0
Math.exp(5)= 148.4131591025766
Math.log10(5)= 0.6989700043360189
Math.log(10)= 2.302585092994046
Math.rint(2.3)= 2.0
Math.round(5.5)= 6
Math.random()= 0.6507794228894296
```

一、数字格式化 DecimalFormat 类与 NumberFormat 类

Java 主要对浮点类型数据(double 型和 float 型)进行数字格式化操作。DecimalFormat

是 NumberFormat 的一个子类，用于格式化十进制数字。Java. text. DecimalFormat 指的是 DecimalFormat 类在 Java. text 包中，其中 DecimalFormat 类是 NumberFormat 的子类。下面分别介绍这两种类。

1. NumberFormat 类

NumberFormat 表示数字的格式化类，即可以按照本地的风格习惯进行数字的显示。其常用的方法如下。

(1)public static Locale[] getAvailableLocales()：返回所有语言环境的数组。

(2)public static final NumberFormat getInstance()：返回当前默认语言环境的数字格式。

(3)public static NumberFormat getInstance(Locale inLocale)：返回指定语言环境的数字格式。

(4)public static final NumberFormat getCurrencyInstance()：返回当前默认语言环境的通用格式。

(5)public static NumberFormat getCurrencyInstance(Locale inLocale)：返回指定语言环境的数字格式。

2. DecimalFormat 类

DecimalFormat 也是 Format 的一个子类，主要的作用是格式化数字。在格式化数字的时候使用 Decimal Format 类比直接使用 NumberFormat 类更加方便，因为可以直接指定按用户自定义的方式进行格式化操作，与 SimpleDateFormat 类似，如果要想进行自定义格式化操作，则必须指定格式化操作的模板，如表 2.1 所示。

表 2.1　格式化操作模板

序号	标记	位置	描述
1	0	数字	代表阿拉伯数字，每一个 0 表示一位阿拉伯数字，如果该位不存在则显示 0
2	#	数字	代表阿拉伯数字，每一个 # 表示一位阿拉伯数字，如果该位不存在则不显示
3	.	数字	小数点分隔符或货币的小数分隔符
4	—	数字	代表负号
5	,	数字	分组分隔符
6	E	数字	分隔科学计数法中的尾数和指数
7	;	子模式边界	分隔正数和负数子模式
8	%	前缀或后缀	数字乘以 100 并显示为百分数
9	\u2030	前缀或后缀	数字乘以 1000 并显示为千分数
10	¤ \u00A4	前缀或后缀	货币记号，由货币符号替换。如果两个同时出现，则用国际货币符号替换。如果出现在某个模式中，则使用货币小数分隔符，而不使用小数分隔符
11	'	前缀或后缀	用于在前缀或后缀中为特殊字符加引号。例如，"'#'#" 将 123 格式化为 "#123"。要创建单引号本身，应连续使用两个单引号："# o''clock"

二、数学类 Math

1. 三角函数方法

(1)static double sin(double a)：返回角的三角正弦值。

(2)static double cos(double a)：返回角的三角余弦值。

(3)static double tan(double a):返回角的三角正切值。

(4)static double asin(double a):返回角的反正弦值。

(5)static double acos(double a):返回角的反余弦值。

(6)static double atan(double a):返回角的反正切值。

(7)static double toRadians(double a):将角转换为弧度。

(8)static doueble toDegrees(double a):将弧度转化为角度。

2. 指数函数方法

(1)static double exp(double a):用于获取 e 的 a 次方。

(2)static double log(double a):即 lna。

(3)static double log10(double a):即 $\log_{10}a$。

(4)static double sqrt(double a):用于取 a 的平方根。

(5)static double cbrt(double a):用于取 a 的立方根。

(6)static double pow(double a,double b):用于求 a 的 b 次方。

3. 取整函数方法

(1)static double ceil(double a):返回大于等于 a 的整数值,返回值类型为 double。

(2)static double floor(double a):返回小于等于 a 的整数值,返回值类型为 double。

(3)static double int(double a):返回与 a 最接近的整数值,返回值类型为 double;如果两个同为整数且同样接近,选取偶数值的那个。

(4)static int random( ):返回带正号的 double 值,该值大于等于 0.0 且小于 1.0。

(5)static int round(double a):其值等于 Math. floor(a+0.5),返回值类型为 long。

(6)static long round(float a):其值等于 Math. floor(a+0.5),返回值类型为 int。

4. 取最大值、最小值、绝对值函数方法

(1)static 类型 abs(类型): 返回对应类型的绝对值。

(2)static 类型 max(类型 1,类型 2):返回对应类型的最大值。

(3)static 类型 min(类型 1,类型 2):返回对应类型的最小值。

说明:

这里的类型指的是 double,float,int 和 long 类型。

三、随机数 Random 类

Math. random()方法默认生成大于等于 0.0 小于 1.0 的 double 型随机数,还可以生成 a~z 之间的随机字符,如:char('a'+Math. random() * ('z'-'a'+1))。

在 random 类中提供了获取各种数据类习惯随机数的方法,具体如下。

(1)public int nextInt():返回一个随机整数。

(2)public int nextInt(int n):返回大于等于 0 且小于 n 的随机整数。

(3)public long nextLong():返回一个随机长整型值。

(4)public boolean nextBoolean():返回一个随机布尔型值。

(5)public float nextFloat():返回一个随机浮点型值。

(6)public double nextDouble():返回一个随机双精度型值。

(7)public double nextGaussian():返回一个概率密度为高斯分布的双精度值。

四、大数字运算 BigInteger 类和 BigDecimal 类

1. BigInteger 类

BigInteger 类型的数字范围较 Integer 类型的数字范围要大很多。Integer 是 int 的包装类,int 的最大值为 $2^{31}-1$。BigInteger 支持任意精度的整数。

大数处理类中 BigInteger 类(大数整数处理)以及 Decimat 类(带小数的大数处理)这两个类适用于需要使用大数的时候,提供了基本的加减乘除,以及其他的数学函数、取余、取绝对值等运算。BigInteger 加入了小数,支持任何精度的定点数,数字精度高。

2. BigDecimal 类

(1)两个常用的构造方法为:

public BigDecimal(double val);

public BigDecimal(String val)。

(2)public BigDecimal add(BigDecimal augend):进行加法操作。

(3)public BigDecimal substract(BigDecimal subtrahend):进行减法操作。

(4)public BigDecimal multiply(BigDecimal multiplicand):进行乘法操作。

(5)public BigDecimal divide(BigDecimal divisor,int scale,int roundingMode):进行除法操作。

在上述方法中,BigDecimal 类中的 divide()方法有多种设置,用于返回商末位小数点的处理。

课堂训练

1. 定义一个求圆面积的方法,其中以圆半径作为参数,并将计算结果保留 5 位小数。
2. 开发一个程序,获取 2～32 之间(不包括 32)的任意 6 个偶数,并计算输出这 6 个偶数的和。

任务 5 java. lang. Object 类的使用

任务导入

任务 2.17 创建 ObjectClone1 类,实现学生学号的复制。

算法分析

(1)Object 类虽然有 clone()方法,但它是受保护的(被 protected 修饰),所以无法直接使用。若要使用 clone()方法的类必须实现 Cloneable 接口,否则会抛出异常 CloneNotSupportedException。要解决这个问题,我们需要在要使用 clone()方法的类中重写 clone()方法,通过 super. clone()调用 Object 类中的原 clone()方法。

(2)对本例中Student类的对象进行复制，直接重写clone()方法，通过调用clone()方法即可完成浅复制。

参考代码

```
class Student implements Cloneable {
    private int number;
    public int getNumber(){
        return number;
    }
    public void setNumber(int number){
        this.number=number;
    }
    @ Override
    public Object clone(){
        Student stu=null;
        try {
            stu=(Student)super.clone();
        } catch(CloneNotSupportedException e){
            e.printStackTrace();
        }
        return stu;
    }
}
public class ObjectClone1 {
    public static void main(String args[]){
        Student stu1=new Student();
        stu1.setNumber(12345);
        Student stu2=(Student)stu1.clone();
        System.out.println("学生 1 的学号:"+stu1.getNumber());
        System.out.println("学生 2 的学号:"+stu2.getNumber());
        stu2.setNumber(54321);
        System.out.println("学生 1 的学号:"+stu1.getNumber());
        System.out.println("学生 2 的学号:"+stu2.getNumber());
    }
}
```

程序运行结果如下。

```
学生 1 的学号:12345
学生 2 的学号:12345
学生 1 的学号:12345
学生 2 的学号:54321
```

任务2.18 创建ObjectDemo类，定义一个User类，在User类中重写equals()方法和hasCode()方法，通过uid是否相同判断两个人是不是同一个人。

算法分析

重写 equals()方法时必须重写 hasCode()方法。

参考代码

```
class User {
    private int uid;
    private String name;
    private int age;
    public int getUid(){
        return uid;
    }
    public void setUid(int uid){
        this.uid=uid;
    }
    protected String getName(){
        return name;
    }
    public void setName(String name){
        this.name=name;
    }
    public int getAge(){
        return age;
    }
    public void setAge(int age){
        this.age=age;
    }
    @ Override
    public boolean equals(Object obj){
        if(obj==null || ! (obj instanceof User)){
            return false;
        }
        if(((User)obj).getUid()==this.getUid()){
            return true;
        }
        return false;
    }
    @ Override
    public int hashCode(){
        int result=17;
        result=31*result+this.getUid();
        return result;
    }
```

```
    }
    public class ObjectDemo {
        public static void main(String[] args){
            User u1=new User();
            u1.setUid(1234);
            u1.setName("王五");
            User u2=new User();
            u2.setUid(1234);
            u2.setName("王小五");
            System.out.println(u1.hashCode()==u2.hashCode());
            System.out.println(u1.equals(u2));
        }
    }
```

程序的运行结果如下。

```
true
true
```

知识点

Object类位于java.lang包中，java.lang包中包含着Java最基础和核心的类，在编译时会自动导入。Object类是所有Java类的祖先，Java中的每个类都使用Object类作为超类。所有对象（包括数组）都实现这个类的方法。可以使用类型为Object的变量指向任意类型的对象。Object类的主要方法介绍如下。

1. clone()方法

clone()方法可以快速创建一个已有对象的副本。

(1)Object类的clone()方法是一个native方法，native方法的效率一般来说都是远高于Java中的非native方法。这也解释了为什么要用Object中clone()方法而不是先构造一个类，然后把原始对象中的信息复制到新对象中，虽然这也实现了clone()方法的功能。

(2)Object类中的clone()方法被protected修饰符修饰。这也意味着如果要应用clone()方法，必须继承Object类。

(3)Object.clone()方法返回一个Object对象。我们必须进行强制类型转换才能得到我们需要的类型。

使用clone()的步骤为：①创建一个对象；②将原有对象的数据导入到新创建的对象数据中。

clone()方法首先会判断对象是否实现了Cloneable接口，若无则抛出CloneNotSupportedException，最后会调用internalClone()。internalClone是一个native方法，一般来说native方法的执行效率高于非native方法。

Java中的对象复制(Object Copy)指的是将一个对象的所有属性（成员变量）复制到另

一个有着相同类类型的对象中去。例如：对象 A 和对象 B 都属于类 S，具有属性 a 和 b。那么对对象 A 进行复制操作赋值给对象 B 的代码为：

```
B.a= A.a;B.b= A.b;
```

在程序中拷贝对象是很常见的，主要是为了在新的上下文环境中复用现有对象的部分或全部数据。Java 中的对象复制主要分为：浅复制(Shallow Copy)和深复制(Deep Copy)。

总结：

Java 实现复制最直观的做法是使用 object 类中的 clone()方法，而想要使用该方法进行对象的克隆只要实现 cloneable 接口即可。

2. hashCode()方法

Java 中的 hashCode()方法就是根据一定的规则将与对象相关的信息映射成一个数值，比如对象的存储地址、对象的字段等，这个数值称为散列值，即 hash 值。

集合中是不允许重复的元素存在的，当向集合中插入对象时，需要判断在集合中是否已经存在该对象了，此时可以通过调用 equals()方法来逐个进行比较。但是如果集合中已经存在一万条数据或者更多的数据，如果采用 equals()方法去逐一比较，效率必然不高。此时 hashCode()方法的作用就体现出来了，当集合要添加新的对象时，先调用这个对象的 hashCode()方法，得到对应的 hashcode 值。实际上在 HashMap 的具体实现中会用一个 table 保存已经存储的对象的 hashcode 值，如果 table 中没有该 hashcode 值，它就可以直接存储进去，不用再进行任何比较了；如果存在该 hashcode 值，就调用它的 equals()方法与新元素进行比较，若相同的话则不保存，若不相同则散列其他的地址。

重写 hashCode()方法的基本规则如下。

(1)在程序运行过程中，同一个对象多次调用 hashCode()方法应该返回相同的值。

(2)当两个对象通过 equals()方法比较后返回 true 时，则两个对象的 hashCode()方法返回相等的值。

(3)对象中用于 equals()方法比较标准的 Field 类，都应该用来计算 hashCode 值。

Object 本地实现的 hashCode()方法计算的值是底层代码的实现，采用多种计算参数，返回的并不一定是对象的(虚拟)内存地址，其返回值具体取决于运行时库和 JVM 的具体实现。

3. equals()方法

equals()方法用于比较两个对象是否相等。我们知道所有的对象都拥有标识(内存地址)和状态(数据)，同时用"=="比较两个对象的内存地址。因此，使用 Object 的 equals()方法是比较两个对象的内存地址是否相等，即若 object1. equals(object2)为 true，则表示 equals1 和 equals2 实际上是引用同一个对象。虽然有时候 Object 的 equals()方法可以满足我们一些基本的要求，但是必须要注意的是：如果我们很大部分时间都是在进行两个对象的比较，那么这个时候 Object 的 equals()方法就不行了。实际上，在 JDK 中，String、Math 等封装类都对 equals()方法进行了重写。

4. toString()方法

toString()方法会返回一个以文本方式表示此对象的字符串。Object 类的 toString()方法返回一个字符串，该字符串由类名(对象是该类的一个实例)、"@"标记符和此对象哈希码的无符号十六进制表示组成。

5. finalize()方法

垃圾回收器准备释放内存的时候，会先调用 finalize()。

注意：

(1)对象不一定会被回收。

(2)垃圾回收只与内存有关。

(3)垃圾回收和 finalize()都是靠不住的，只要 JVM 还没有快到耗尽内存的地步，它是不会浪费时间进行垃圾回收的。

课堂训练

对任务 2.17 代码进行改写，实现学生信息的深复制。

习题2

一、填空题

1. 在 Java 中每个 Java 基本类型在 java.lang 包中都有一个相应的包装类，将基本数据类型转换为对象。其中，包装类 Integer 是________的直接子类。

2. 包装类 Integer 的静态方法可以将字符串类型的数字"123"转换成基本整型变量 n，其实现语句是________。

3. 在 Java 中使用 java.lang 包中的________类来创建一个字符串对象，它代表一个字符序列可变的字符串，可以通过相应的方法改变这个字符串对象的字符序列。

4. StringBuilder 类是 StringBuffer 类的替代类，二者的共同点是它们都是可变长度字符串，其中线程安全的类是________。

5. DateFormat 类可以实现字符串和日期类型之间的格式转换，其中将日期类型转换为指定的字符串格式的方法名是________。

6. 使用 Math.random( )返回带正号的 double 值，该值大于等于 0.0 且小于 1.0。使用该函数生成[30,60]之间的随机整数的语句是________。

7. 将 String iStr="123"转换成基本数据类型的语句为________。

8. String 类的 trim()方法作用是________。

9. "hamburger".substring(4,8)返回的结果是________。

10. System.currentTimeMillis()表示________。

二、选择题

1. 以下选项中关于 int 和 Integer 的说法错误的是(　　)。(选择两项)

A. int 是基本数据类型，Integer 是 int 的包装类，是引用数据类型

B. int 的默认值是 0，Integer 的默认值也是 0

C. Integer 可以为封装的属性和方法提供更多的功能

D. Integer i=5;该语句在 JDK 1.5 之后可以正确执行，使用了自动拆箱功能

2. 分析如下 Java 代码，该程序编译后的运行结果是(　　)。(单选)

```
public static void main(String[ ] args){
  String str= null;
  str.concat("abc");
  str.concat("def");
  System.out.println(str);
}
```

A. Null　　B. Abcdef

C. 编译错误　　D. 运行时出现 NullPointerException 异常

3. 下面是一个关于 String 类的代码，其运行结果是(　　)。(单选)

```
public class Test2 {
  public static void main(String args[]){
  String s1=new String("bjsxt");
  String s2=new String("bjsxt");
  if(s1==s2)     System.out.println("s1==s2");
  if(s1.equals(s2))   System.out.println("s1.equals(s2)");
  }
}
```

A. s1==s2　　B. s1. equals(s2)　　C. s1==s2
s1. equals(s2)　　D. 以上都不对

4. 下面是一个关于 StringBuffer 类的代码，其运行结果是(　　)。(单选)

```
public class TestStringBuffer {
    public static void main(String args[]){
    StringBuffer a=new StringBuffer("A");
    StringBuffer b=new StringBuffer("B");
    mb_operate(a,b);
    System.out.println(a+"."+b);
  }
  static void mb_operate(StringBuffer x,StringBuffer y){
    x.append(y);
    y=x;
  }
}
```

A. A. B　　B. A. A　　C. AB. AB　　D. AB. B

5. 给定如下 Java 代码，编译运行的结果是(　　)。(单选)

```
public static void main(String []args){
  String s1=new String("pb_java_OOP_T5");
  String s2=s1.substring(s1.lastIndexOf("_"));
  System.out.println("s2="+s2);
}
```

A. s2=_java_OOP_T5　B. s2=_OOP_T5　　C. s2=_T5　　D. 编译出错

6. 对于语句 String s="my name is kitty"，以下选项中可以从其中截取“kitty”的是(　　)。(选择两项)

A. s. substring(11,16)　　B. s. substring(11)

C. s. substring(12,17)　　D. s. substring(12,16)

7. 分析下面的 Java 程序段，编译运行后的输出结果是(　　)。(单选)

```
public class Test {
    public void changeString(StringBuffer sb){
    sb.append("stringbuffer2");
  }
  public static void main(String[] args){
    Test a=new Test();
    StringBuffer sb=new StringBuffer("stringbuffer1");
    a.changeString(sb);
    System.out.println("sb="+sb);
  }
}
```

A. sb=stringbuffer2stringbuffer1　　B. sb=stringbuffer1

C. sb=stringbuffer2　　D. sb=stringbuffer1stringbuffer2

8. 给定如下 Java 代码，编译运行的结果是(　　)。(单选)

```
public static void main(String[] args){
  StringBuffer sbf=new StringBuffer("java");
  StringBuffer sbf1=sbf.append(",C# ");
  String sbf2=sbf+ ",C# ";
  System.out.print(sbf.equals(sbf1));
  System.out.println(sbf2.equals(sbf));
}
```

A. true　false　　B. true　true　　C. false　false　　D. false　true

9. 分析下面的 Java 程序，编译运行后的输出结果是(　　)。(单选)

```
public class Example {
    String str=new String("good");
    char[] ch={ 'a','b','c' };
    public static void main(String args[]){
    Example ex=new Example( );
    ex.change(ex.str,ex.ch);
    System.out.print(ex.str+ "and");
    System.out.print(ex.ch);
  }
  public void change(String str,char ch[]){
    str="test ok";
    ch[0]='g';
    }
}
```

A. Goodandabc　　B. Goodandgbc　　C. test okandabc　　D. test okandgbc

10. 以下程序片段中可以正常编译的是（　　）。（单选）

A. String s="Gone with the wind";
   String k=s+t;
   String t="good";

B. String s="Gone with the wind";
   String t;
   t=s[3]+"one";

C. String s="Gone with the wind";
   String stanfard=s. toUpperCase();

D. String s="home directory";
   String t=s-"directory";

11. 分析下面的 Java 程序，编译运行后的输出结果是（　　）。（单选）

```
public class Example {
    String str=new String("good");
    char[] ch={ 'a','b','c' };
    public static void main(String args[]){
        Example ex=new Example( );
        ex.change(ex.str,ex.ch);
        System.out.print(ex.str+"and");
        System.out.print(ex.ch);
    }
    public void change(String str,char ch[]){
        str="test ok";
        ch[0]='g';
    }
}
```

A. Goodandabc
B. Goodandgbc
C. test okandabc
D. test okandgbc

12. 分析下面代码的运行结果（　　）。（单选）

```
public static void main(String args[]){
    String s="abc";
    String ss="abc";
    String s3="abc"+"def";// 此处编译器做了优化！
    String s4="abcdef";
    String s5=ss+"def";
    String s2=new String("abc");
    System.out.println(s==ss);
    System.out.println(s3==s4);
    System.out.println(s4==s5);
    System.out.println(s4.equals(s5));
}
```

A. true true false true
B. true true true false
C. true false true true
D. false true false true

三、判断题

1. 方法 Integer. parseInt()的作用是将一个整数转变成 String 类型。（　　）

2. JDK 1.5 后提供了自动装箱和自动拆箱功能，从而可以实现基本数据类型和对应包装类之间的自动转换，简化了操作。（　　）

3. 执行语句“String str="abcedf";int len=str. length;”后，能够得到字符串的长度是6。（　　）

4. 运算符“==”用于比较引用时，如果两个引用指向内存同一个对象，则返回true。（　　）

5. java. sql. Date类和java. util. Date类的关系是前者是后者的父类，其中前者没有提供无参数构造方法，而后者可以提供无参数构造方法来获取当前时间。（　　）

6. 求x的y次方，其表达式为：Math. pow(x,y)。（　　）

7. 获取部分字符串时，substring()方法的第一个参数和第二个参数都应该是在0～(字符串长度－1)范围内的数据。（　　）

8. 创建一个代表2014年6月12号的Date对象的写法为：“Date d1=new Date(2014－1900,6－1,12);”。（　　）

9. Date d=new Date()表示的是当前时间。（　　）

10. 递归可以完全使用迭代来代替。（　　）

四、简答题

1. String、StringBuffer和StringBuilder三者之间的区别与联系是什么？

2. 试分析“String str="bjsxt";”和“String str=new String("bjsxt");”的区别？

3. 简述java. sql. Date和java. util. Date的联系和区别？

4. 为什么要使用包装类，包装类的作用是什么？

五、编程题

1. 验证键盘输入的用户名不能为空，长度大于6，不能有数字。

提示 使用字符串String类的相关方法完成。

2. 接收从键盘输入的字符串格式的年龄、分数和入学时间，将其转换为整数、浮点数、日期类型，并在控制台输出。

提示 使用包装类Integer、Double和日期转换类DateFormat实现。

3. 将1990年3月3日通过Calendar来表示，并计算得出该天是该年的第几天，以及将该日期增加35天，是哪一天？使用代码来说明。

4. 生成10个[10,23)之间的随机整数。

提示 分别使用Math. random()和Random类的nextDouble()或nextInt()实现。

5. 使用DateFormat、Calendar类实现以下功能：打印某个月份的可视化日历。

单元 3 接口、继承与多态

知识目标

(1)掌握类继承的方法。

(2)掌握类的多态性。

(3)了解抽象类。

(4)掌握接口的使用方法。

能力目标

(1)具有使用类继承与多态解决问题的能力。

(2)具有使用接口解决问题的能力。

任务 1 类的继承

任务导入

任务 3.1 通过已有类——人类,生成子类——学生类。

算法分析

(1)定义人类 Person。

(2)再根据人类定义继承类 Student。

(3)在类 StudentTest 的 main()方法中新建学生对象。

参考代码 1

```
class Person {
//人类
    public String name; //姓名,定义公有属性
    public int age; //年龄
    public double height; //身高
}
class Student extends Person {
//学生类继承人类
    public int achievement; //成绩
}
public class StudentTest {
//测试类
```

```
    public static void main(String[] args){
        Student a1=new Student();
        a1.name="张三";
        a1.achievement=90;
        System.out.println("姓名:"+a1.name+"  成绩:"+a1.achievement);
    }
}
```

参考代码 2

```
class Person {
//人类
    private String name;//姓名,定义私有属性
    private int age;//年龄
    private double height;//身高
    public Person(String name,int age,double height)
    {
        this.name=name;
        this.age=age;
        this.height=height;
}
public Person(){}
}
class Student extends Person {
//学生类继承人类
    private int achievement;//成绩
        public Student(){}
        public int getAchievement(){
            return achievement;
        }
        public void setAchievement(int achievement){
            this.achievement=achievement;
        }
}
public class StudentTest {
//测试类
        public static void main(String[] args){
            Student a1=new Student();
            a1.setAchievement(90);
            System.out.println("成绩:"+a1.getAchievement());
    }
}
```

任务 3.2 构造方法的继承。

算法分析

(1)定义人类 Person,并定义构造方法和普通方法。

(2)再根据人类定义继承类 Student,并调用父类的构造方法和普通方法。

(3)在类 StudentTest 的 main()方法中新建学生对象,并测试数据。

参考代码

```
class Person {
//人类
    public String name;//姓名
    public int age;//年龄
    public double height;//身高
    public Person(String name,int age,double height)
    //构造方法
    {
        this.name="张三";
        this.age=18;
        this.height=1.85;
    }
    public Person(){}
    //构造方法重构
    {
        this.name=;
        this.age=age;
        this.height=height;
    }
    public String show()
    {
        return "姓名:"+this.name+"  年龄:"+this.age+" 身高:"+this.height;
    }
}
class Student extends Person {
//学生类继承人类
    public int achievement;//成绩
    public Student(String name,int age,double height,int achievement)
    //构造方法重写
    {
        super(name,age,height);//调用父类构造方法
        this.achievement=achievement;
    }
    public Student()
    {
        super();//调用父类构造方法
```

```
            this.achievement=96;
        }
        public String show1()
        {
            return super.show()+" 成绩:"+this.achievement;//调用父类中普通方法
        }
    }
    public class StudentTest {
    //测试类
        public static void main(String[] args){
            Student a1=new Student();
            System.out.println(a1.show1());
            Student a2=new Student("李四",18,1.70,90);
            System.out.println(a2.show1());
        }
    }
```

知识点

一、继承的概念

在已有类的基础上生成新类的过程称为继承，已有的类称之为父类，也称之为派生类，继承是面向对象程序设计的重要特性之一。继承的目的是让子类引用父类的属性和方法，使程序框架更加清晰，提高代码的利用率，减少程序设计的难度。继承是面向对象编程的基石，它表示了两个类之间的一种层次关系，子类自动拥有父类所有非私有的属性和方法。

定义子类是在已有的类的基础上进行定义，子类定义的基本方法如下。

```
class 子类名 extends 父类名
{
    //子类中定义的属性
    //子类中定义的方法
}
```

子类 Student 通过继承父类 Person 的方式来定义，代码如下。

```
class Student extends Person {
  public int achievement;//定义子类的属性
}
```

在 Java 中类的继承具有以下特点。

- Java 只支持单重继承，即一个类只能有一个父类，并且一个类可以有多个子类，也就是一个父亲可以有多个孩子，一个孩子只可能有一个父亲。
- 代码的可重用性，也就是子类可继承父类的属性与方法。
- 设计应用程序更加简单，父类有的属性和方法不用重写，可以大大简化代码。

- 子类对象也是父类对象，如学生类是人类的子类，由学生类生成的对象不但属于学生类，也属于人类。
- 子类可以继承父类所有的 public(公有的)定义的属性和方法，也可以直接访问；父类的 private(私有的)的属性和方法子类可以继承，但无法直接访问；如果父类中的成员使用 protected 修饰，子类也可以继承，即令父类和子类不在同一个包中。

二、访问修饰符

定义类、属性和方法时都要指定访问修饰符，用以限定类、属性和方法的访问范围，Java 中的访问修饰符有以下几种。

- 不使用修饰符(默认的)：只有同一个包中的类可以访问。
- public(公有的)：类里类外都可访问，访问不受限制。
- private(私有的)：只有在类中的可以访问。只能修饰属性和方法，不能修饰类。
- protected(被保护的)：在类、其子类和同一个包中的类中可以访问，只能修饰属性和方法，不能修饰类。

三、super 关键字

在【任务 3.1】的【参考代码 2】中，子类无法访问父类的私有属性和方法，关键字 super 可以指向父类对象的引用，在同一个类中如果有继承关系，属性和方法都可以被子类继承。super 关键字的规则如下。

(1)调用父类构造方法的语法格式如下。

```
Super()
```

或

```
super(参数表);
```

注意：

调用父类构造方法的 super 语句必须放在定义类的最前面。

(2)调用父类的普通方法的语法格式如下。

```
super.methodname()
```

或

```
super.methodname(参数表);
```

例如在【任务 3.2】中，首先创建 Person 类，在 Person 类中创建构造方法来设置对象的属性，并定义一个普通方法 show()。然后创建子类 Student，在对构造方法重写时，使用 super 方法调用父类的构造方法，并在子类中定义一个普通的显示方法 show1()，在 show1()方法中调用父类方法 show()，从而优化程序代码。

四、Object 类

Object 类在 Java 中是一个特殊的类，Java 中的所有类都是 Object 类的子类，如果在定义类中没有使用 extends 来指定父类，那么它默认继承 Object 类，并继承 Object 类的所有属性与方法，因此这些方法和属性都可以直接引用。Object 类中的常用方法如下。

● toString()：返回对象值的字符串形式，默认返回"类名@内存地址(十六进制表示)"，建议在定义类时，对toString()方法重新定义，如【任务3.2】中的Person类的方法show()和Student类中的方法show1()可以使用toString()来定义。

● equals(Object object)：比较两个对象是否是同一对象。

● hashCode()：返回对象的哈希码值。

● getClass()：返回对象属于哪个类。

测试Object类的几个常用方法，将【任务3.2】中测试类StudentTest修改如下。

```
public class StudentTest {
//测试类
    public static void main(String[] args){
        Student obj1=new Student("张三",18,1.70,90);
        Student obj2=obj1;
        Student obj3=new Student("张三",18,1.70,90);
        System.out.println(obj1.toString()); //显示对象字符串
        System.out.println(obj1.hashCode()); //显示对象的hash码
        System.out.println(obj1.getClass()); //显示对象的类名
        System.out.println(obj1.equals(obj2)); //显示obj1和obj2是否是同一对象
        System.out.println(obj1.equals(obj3)); //显示obj1和obj3是否是同一对象
    }
}
```

程序的运行结果为如下。

```
abc.Student@ 2e6c01b9
778830265
class abc.Student
true
False
```

课堂训练

(1)定义学生和班干部两个类，员工类包括属性(姓名、性别、年龄和成绩)和一个显示学生基本信息的方法，班干部类为子类，在学生类的基础上增加属性(职务)。

(2)定义一个表示复数的类，要求：①具有实部、虚部属性；②类中有一个构造方法(参数为复数的实部和虚部)；③类中有成员方法，完成复数的加、减及显示等功能。

任务2 多态

任务导入

任务3.3 定义一个方法，求两个数中的最大值，要求参数可以是整数也可以是小数。

算法分析

(1)在类 overTest1 中定义一个 max()方法，求两个 int 型数据的最大值，方法的参数和返回值为 int 型数据。

(2)在类 overTest1 中定义第二个 max()方法，求两个小数的最大值，方法的参数和返回值为 double 型数据，方法名与第一个方法同名。

(3)在类 overTest1 的 main()方法中使用 max()方法中求两个数的最大值。

参考代码

```
public class overTest1 {
//方法重载
    public static void main(String[] args){
        System.out.print(max(3,5));//求 3 和 5 的最大值
        System.out.print(max(8.5,4.5));/求 8.5 和 4.5 的最大值
    }
    public static int max(int a,int b)//求 int 型数据的最大值
    {
        if(a> b)return a;
         else return b;
    }
    public static double max(double a,double b)//求 double 型数据的最大值
    {
        if(a> b)return a;
        else return b;
    }
}
```

任务 3.4 定义一个求两个数、三个数和四个数中最大值的方法，要求参数都为整型数据。

算法分析

(1)在 Java 中要定义一个方法参数为不同数量的数据时，可以使用方法重载，即定义多个同名方法，其参数的数量不同。

(2)在类 overTest1 中定义一个 max()方法，参数为两个 int 型数据。

(3)在建两个 max()方法，参数分别为 3 个和 4 个整型数。

(4)在类 overTest2 的 main()方法中使用 max()方法分别求两个数、三个数和四个数的最大值。

参考代码

```
public class overTest2 {
//方法重载
    public static void main(String[] args){
        System.out.println("两个数的最大值为:"+max(3,5));
        System.out.println("三个数的最大值为:"+max(5,8,7));
        System.out.println("四个数的最大值为:"+max(3,9,10,6));
```

```
    }
    public static int max(int a,int b)//求两个 int 型数据的最大值
    {
        if(a>b)return a;
        else return b;
    }
    public static int max(int a,int b,int c)//求三个 int 型数据的最大值
    {
        return max(max(a,b),c);//调用两个参数的求最大值方法
    }
    public static int max(int a,int b,int c,int d)//求四个 int 型数据的最大值
    {
        return max(max(a,b),max(c,d));//调用两个参数的求最大值方法
    }
}
```

任务 3.5 子类重写父类方法。

算法分析

(1)在类 Person 中定义方法 show(),显示人的基本信息。

(2)在子类 Student 中也定义方法 show(),显示学生的基本信息。编写方法时,子类和父类具有相同的方法名称、参数列表和返回值。

(3)在类 StudentTest 的 main()方法中,建立对象,使用 instanceof 运算符判断对象是否属于相应的类。

参考代码

```
class Person {
    //人类
    public String name;//姓名
    public int age;//年龄
    public double height;//身高
    public Person(String name,int age,double height)
    {
        this.name=name;
        this.age=age;
        this.height=height;
    }
    public Person(){}
    public String show()
    {
        return "姓名:"+this.name+"年龄:"+this.age+" 身高:"+this.height;
    }
}
class Student extends Person {
```

```
//学生类
    public int achievement;//成绩
    public Student(String name,int age,double height,int achievement)
    {
        super(name,age,height);
        this.achievement=achievement;
    }
    public Student(){}
    public String  show()//子类重写父类方法
    {
        return super.show()+"成绩:"+this.achievement;
    }
}
public class StudentTest {
//测试类
    public static void main(String[] args){
        Student obj1=new Student("张三",18,1.70,90);
        Person obj2=new Person("李四",18,1.65);
        Person obj3=new Student("王五",18,1.75,95);//子类对象可以自动转化为父类
类型
        System.out.println(obj1 instanceof Person);//学生对象也属于人类
        System.out.println(obj2 instanceof Person);
        System.out.println(obj3 instanceof Person);
    }
}
```

知识点

类的多态是面向对象程序设计中的又一重要特性，多态是指对象具有多种状态和行为，使应用程序具有更好的可扩展性。在 Java 中多态的实现主要有两种方法：方法重载和方法重写。

一、方法重载

方法的重载表示在一个类中具有多个相同名字的方法，它们具有不同的参数列表、参数的数量或者类型不同。在 Java 中可以对构造方法和普通方法进行方法重载。

1. 构造方法的重载

构造方法的重载是指定义多个不同参数列表的构造方法，这样在定义对象时可以有更多的方法来定义对象，例如：

```
public Person(String name,int age,double height)//三个参数的构造方法
{
    this.name=name;
    this.age=age;
    this.height=height;
}
public Person()//没有参数的构造方法
{
    this.name="张三";
    this.age=18;
    this.height=1.75;
}
public Person(String name)//一个参数的构造方法,参数为整数类型
{
    this.name=name;
    this.age=19;
    this.height=1.8;
}
public Person(int age)//一个参数的构造方法,参数为字符串类型
{
    this.name="李四";
    this.age=age;
    this.height=1.65;
}
```

在上述例子中定义了四个构造方法,分别是三个参数、没有参数和两种不同类型一个参数的构造方法。在定义对象时可以采用四种方法,其代码如下。

```
Person obj1=new Person("王五",18,1.70);//三个参数
Person obj2=new Person();//没有参数
Person obj2=new Person("赵六");//一个参数,参数为字符串类型
Person obj2=new Person(20);//一个参数,参数为整数类型
```

在定义对象时参数的数量、类型、顺序都必须与构造方法的参数列表完全一致,构造方法中有四种参数列表,定义对象时也就用四种方法来定义,分别调用参数量、数据类型完全相同的构造方法。如果想要更多的方法来定义对象,可以重写出更多构造方法来实现,构造方法的重写使我们在定义对象时更加机动灵活。

2. 普通方法的重载

普通方法的重载与构造方法的重载一样,可以通过方法的重载,使同一个方法有多种调用形式。

- 参数的数量相同,但类型不同,调用方法时,根据数据类型调用不同的方法。

```
public static int abs(int a)
//求一个 int 型数据的绝对值,可以计算整数的绝对值
{
    if(a>0)return a;
```

```
        else return-a;
    }
    public static double abs(double a)
    //求一个 double 型数据的绝对值,可以计算小数的绝对值
    {
        if(a>0)return a;
        else return-a;
    }
```

● 参数的数量不同,调用方法时,根据参数的数量调用不同的方法。

```
    public static int add(int a,int b)
    //求两个参数的和
    {
        return a+b;
    }
    public static int add(int a,int b,int c)
    //求三个参数的和
    {
        return a+b+c;
    }
```

● 参数的数量相同,参数类型的顺序不同,调用方法时,根据数据列表的顺序调用不同的方法。

```
    public static int add(int a,double b)
    //求两个参数的和,返回第一个参数类型(整型数)
    {
        return a+int(b)
    }
    public static double add(double a,int b)
    //求两个参数的和,返回第一个参数类型(浮点数)
    {
        return a+b;
    }
```

从以上示例中可以看出,普通方法的重载可以使方法适应各种参数列表,调用方法时只能调用参数列表完全相同的方法。

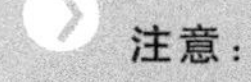

注意:

在创建构造方法和普通方法进行方法重载时,不能创建两个同名并且参数列表完全相同的方法。

二、方法重写

方法重写是指在定义子类时,可以定义与父类相同名字的方法,但是完成的功能不完全相同,当子类中定义的方法与父类中方法的名字和参数列表完全相同时,在子类中定义的方法将覆盖父类继承的方法,对于子类来说父类的方法不存在,即方法被重写。例如,在【任务

3.5】中，子类 Student 重写了父类 Person 中的显示方法 show()，使用类 Student 和类 Person 定义的对象调用 show()方法时，显示的内容不同，方法重写时要遵守以下规则。

(1)子类方法的参数列表必须与父类被重写的方法的参数列表相同。

(2)子类方法的返回值必须与父类被重写的方法的返回值类型相同。

(3)子类方法可以拥有自己的访问修饰符，但是访问权限不能小于父类被重写的方法的访问修饰符的权限。

三、类型转换

1. 类型转换的规则

在继承关系下，由类生成的对象在一定条件下是可以互相转换的，子类对象可以直接作为父类对象来使用，而父类对象不直接当成子类对象来使用。在定义对象时，必须遵守以下规则。

(1)父类变量可以指向任意一个子类对象。

(2)父类变量不能访问子类对象的新增成员。

(3)子类对象的类型可以隐式转换为父类对象类型。

(4)父类对象类型只能强制转换为子类对象类型。转换时应注意：父类对象必须指向的是子类新建的对象。

使用【任务 3.5】定义的类建立对象，示例如下。

```
Student obj1=new Student("张三",18,1.70,90);//建立一个 Student 对象
Person obj2=new Person("李四",18,1.65);//建立一个 Person 对象
Person obj3=new Student("王五",18,1.75,95);//建立一个 Student 对象，赋值给 Person 类型变
                                            量，子类对象可以自动转化为父类对象存放
Student obj4=(Student)obj3;//将 Person 类型的 obj3 对象强制转换成 Student 类型
Student obj5=(Student)(new Person("赵六",18,1.70));//错误，无法将使用父类对象建立的对
                                                    象转换为子类对象
Student obj5=(Student)obj2;//错误，无法将使用父类对象建立的对象转换为子类对象
```

2. instanceof

instanceof 可以用来检测变量所指向的对象是否属于指定的类或接口，返回值为逻辑值 true 和 false，其语法格式如下。

```
对象的变量名 instanceof 类名(或接口名)
```

使用 instanceof 可以更好地使编程人员判断对象的类型，使用【任务 3.5】定义的类来建立对象，使用 instanceof 来判断对象的类型，示例如下。

```
Student obj1=new Student("张三",18,1.70,90);
Person obj2=new Person("李四",18,1.65);
Person obj3=new Student("王五",18,1.75,95);//子类对象可以自动转化为父类类型
System.out.println(obj1 instanceof Person); //结果为 true
System.out.println(obj2 instanceof Person);   //结果为 true
System.out.println(obj3 instanceof Person);   //结果为 true
System.out.println(obj1 instanceof Student);//结果为 true
System.out.println(obj2 instanceof Student);//结果为 false
System.out.println(obj3 instanceof Student);//结果为 false
```

四、static 修饰符

static 修饰符可以修饰变量、方法和代码块。

在类中定义的属性和方法使用 static 修饰符可以将属性和方法分为动态和静态两类。没有使用 static 修饰符定义的属性和方法，默认为动态属性和动态方法；使用 static 修饰符定义属性和方法称为静态属性和静态方法。动态属性和动态方法必须要建立对象才能使用；而静态属性和静态方法无须建设立对象，可以直接使用，也可以称之为类属性和类方法。

1. 静态变量

使用 static 修饰的变量称为静态变量，在类中静态变量也可称为静态属性。使用静态变量应注意以下几点。

- 静态变量属于类，不属于特定方法。
- 无论创建多少个对象，静态变量只有一个。
- 静态变量可以使用类名或者对象名来访问，但访问的变量是同一个，建议使用类名来访问静态变量。

静态变量示例如下。

```
class Person {
//人类
    public String name;//姓名
    static public int personNum=0;//静态变量设置类属性:人数
    public Person(String name)
    {
        this.name=name;
        personNum++;
    }
}
public class PersonTest {
//测试类
    public static void main(String[] args){
        Person a1=new Person("张三");
        Person a2=new Person("李四");
        System.out.print(Person.personNum);//访问静态变量
    }
}
```

运行结果为：

```
2
```

从以上示例可以看出，静态变量 personNum（人数）属于类，每新建一个对象，personNum 加 1，可以记录整个类中的对象的个数。

2. 静态方法

使用 static 修饰的方法称之为静态方法。使用静态方法应注意以下几点。

- 静态方法只能访问静态属性和静态方法，不能访问动态属性和动态方法。

- 静态方法不能重写为动态方法。
- 静态方法不能出现 this 关键词。

静态方法示例如下。

```
classStudent {
    //学生类
    public String name;//姓名
    public int achievement;//成绩
    public Student(String name,int achievement)
    {
        this.name=name;
        this.achievement=achievement;
    }
    static public Student compare(Student obj1,Student obj2)
    //使用静态方法比较两位同学的成绩,返回成绩好的同学
    {
        if(obj1.achievement>obj2.achievement)return obj1;
        else return obj2;
    }
}
public class achievementTest {
//测试类
    public static void main(String[] args){
        Student a1=new Student("张三",90);
        Student a2=new Student("李四",85);
        Student a3=Student.compare(a1,a2);//比较两位同学的成绩,返回成绩好的同学
        System.out.print(a3.name);
    }
}
```

运行结果为:

```
张三
```

从以上示例可以看出,静态方法 compare()比较两位同学的成绩,很明显不属于某一个对象,compare()方法中操作了多个对象,故 compare()方法属于类。

3. 静态代码块

静态代码块就是 static 与{}括起来的一段代码。静态代码块一般用于设置静态变量的初始值,静态代码块仅在加载时执行一次,其语法格式为

```
Static { 静态代码块 }
```

五、final 修饰符

final 修饰符一般用于定义常量,可以用来说明变量、类、属性和方法。使用 final 修饰符应注意:①用 final 修饰符定义的变量和属性一经定义无法修改;②用 final 修饰符修饰的类能被继承;③使用 final 修饰符的方法可以继承但不能被重写;④使用 final 修饰符修饰的类

中的所有方法都默认为 final 方法。

1. final 修饰变量

final 修饰符修饰的变量和属性一经定义不能修改,final 修饰符修饰的变量和属性实质上是常量,所以可以应用 final 修饰符修饰一些固定不变的量。例如:

```
final double Pi=3.1415926;//定义圆周率的值
final int week=7;//一周 7 天
```

2. final 修饰类

使用 final 修饰符修饰的类不能被子类继承,如下面的示例代码中类 testFinal 不可以定义子类,在写程序时,可以将没有子类的类使用 final 修饰。

```
final class testFinal{
    int i;
    int j;
    testFinal(int i,int j)
    {
        this.i=i;
        this.j=j;
    }
    int f(){
        return i+j;
    }
}
```

3. final 修饰方法

使用 final 修饰符修饰的方法只能实现一次,且不能被子类重写。例如,下面的示例可以将子类中的方法 show()更名为 show1()。

```
class testFinal{
    int i;
    int j;
    testFinal(int i,int j)
    {
        this.i=i;
        this.j=j;
    }
    final int show(){
        return i+j;
    }
}
class testFinal1 extends testFinal{
    int k;
    testFinal1(int i,int j,int k)
    {
        super(i,j);
```

```
            this.k=k;
        }
    final int show(){//错误,final方法不能重写
        return i+j+k;
    }
}
```

课堂训练

(1)定义一个员工类,有姓名、性别、工资三个属性,可以使用三个参数和没有参数两种方法建立对象。

(2)制作一个方法,实现求和运算,该方法可以求两个数、三个数和四个数之和。

任务3 抽象类

任务导入

任务3.6 比较两个不同图形的面积大小,如长方形、三角形、平行四边形等。

算法分析

(1)比较不同形状图形的面积大小,首先可以考虑为每种图形建立一个类,并抽象出各种图形的共同属性和方法。例如:长方形、三角形、平行四边形可以抽象出长和宽两个属性,还可以抽象出一个求面积的方法,但是每个类求面积的方法各不相同,建立一个抽象类Shape,并重写toString()方法。

(2)利用抽象类建立各种图形的子类,并重写抽象方法area()。

(3)在抽象类Shape中定义一个静态方法,用于比较两个图形的大小,并返回较大的图形。

参考代码

```
abstract class Shape{
//抽象类Shape
    protected String name;
    protected double length;
    protected double width;
    public Shape(double length,double width)
    {
        this.name="图形";
        this.length=length;
        this.width=width;
```

```
    }
    public abstract double area(); //抽象方法,在子类中重写该方法
    public static Shape cmpShare(Shape s1,Shape s2) //找出两个图形中面积较大的图形
    {
        if(s1.area()>s2.area())return s1;
        else return s2;
    }
    public String toString() //重写 toString()方法
    {
        return this.name+"面积"+this.area();
    }
}
class Rectangle extends Shape{
//长方形
    public Rectangle(double length,double width){
        super(length,width);
        this.name="长方形";
    }
    public double area()
    {
        return this.length* this.width;
    }
}
class Triangle extends Shape{
//三角形
    public Triangle(double length,double width){
        super(length,width);
        this.name="三角形";
    }
    public double area()
    {
        return this.length* this.width/2;
    }
}
class Parallelogram extends Shape{
//平行四边形
    public Parallelogram(double length,double width){
        super(length,width);
        this.name="平行四边形";
    }
    public double area()
    {
```

```
        return this.length* this.width/2;
    }
}
public class abstractTest {
//测试类
    public static void main(String[] args){
        Shape obj1=new Rectangle(4,5);//建立长方形对象
        Shape obj2=new Triangle(5,6);//建立三角形对象
        Shape obj3=new Parallelogram(3,4);//建立平行四边形对象
        System.out.println("图形面积大的为:"+Shape.cmpShare(obj1,obj2));//比较
长方形和三角形的大小
        System.out.println("图形面积大的为:"+Shape.cmpShare(obj2,obj3));//比较
三角形和平行四边形的大小
    }
}
```

程序运行结果如下。

```
图形面积大的为:正方形面积 20.0
图形面积大的为:三角形面积 15.0
```

知识点

1. 抽象类

在面向对象程序设计中，可以对一类对象抽象出相同的属性、方法和事件。例如：三角形类，可以抽象出长、高等属性，也可以定义求三角形周长和面积的方法；长方形类也可以抽象出长和宽等属性，也可定义求长方形的周长和面积的方法等；其他各种形状还有很多，它们都可以抽象出不同的属性和方法。对于这些类来说如果单独定义，各类的对象中无法产生关联，这时我们可以抽象出这些类的共同属性和共同方法定义一个“形状类”，而“形状类”本身无须建立对象，只是大家所共有的父类，这个类就可以定义成抽象类。抽象类和普通类的区别在于抽象类中可以定义属性和方法，但是抽象类不能实例化，不能使用抽象类建立对象。定义抽象类的目的在于使行为相似的对象具有共同的父类，则可以利用父类对子类对象进行统一操作。

抽象类用来抽象出各种不同对象中相同的属性和方法，用 abstract 来定义，抽象类定义的语法格式如下。

```
abstract class 类名
{
    类体
}
```

2. 抽象方法

由关键字 abstract 定义的方法就是抽象方法，抽象方法只有方法声明的头部，没有方法

的具体内容，抽象方法必须在子类中间重写，不同的类执行的方法名相同，执行的内容不同，从而实现类的多态性。抽象方法的语法格式如下。

```
abstract  方法名([形式参数表]);
```

抽象类中可定义抽象方法，也可以定义非抽象方法，抽象类不能生成对象，因此抽象类中定义的属性和方法只能靠子类的继承来实现，定义抽象方法时还应该遵守以下规则。

- 构造方法和静态方法不能是抽象方法。
- 父类中的抽象方法必须在子类中重写。

课堂训练

定义一个抽象类——动物类，在动物类中定义抽象方法——吃的方法。然后定义两个子类：羊类和熊猫类。重写吃的方法：羊吃草，熊猫吃竹子。

任务 4 接口

任务导入

任务 3.7 求各种不同图形的面积大小，如长方形、圆、梯形等。

算法分析

(1)本任务与【任务 3.6】有所不同，由于各种图形的属性各不相同，故只能抽象出求每种图形的面积的方法。此时使用接口比使用抽象类更方便。

(2)首先定义接口，再在定义类的时候实现接口。

参考代码

```
interface Shape{
//形状接口
    public final static double PI=3.1415926;//常量定义
    public double area();//方法声明
}
class Circle implements Shape{
//圆类
    private double radius;
    public Circle(double radius){
        this.radius=radius;
    }
    public double area()//接口中的方法重写
    {
        return PI*this.radius* this.radius;
```

```
    }
}
class Rectangle implements Shape{
//长方形类
    private double lenght;
    private double width;
    public Rectangle(double lenght,double width){
        this.lenght=lenght;
        this.width=width;
    }
    public double area()//接口中的方法重写
    {
        return this.lenght*this.width;
    }
}
public class interfaceTest {
//测试类
    public static void main(String[] args){
        Shape obj1=new Circle(10);
        System.out.println("圆的面积为:"+obj1.area());
        Shape obj2=new Rectangle(20,10);
        System.out.println("长方形的面积为:"+obj2.area());
    }
}
```

程序运行结果如下。

圆的面积为:314.15926

长方形的面积为:200.0

知识点

1.定义接口

使用interface关键字定义接口,定义接口的语法格式如下。

```
interface 接口名
{
    常量定义
    接口方法声明
}
```

在接口定义中只能定义常量,它的值不能改变。接口与抽象类不同,接口可以看成一个特殊的抽象类,类只能有一个父类,但是可以有多个父接口,并且接口也可以由多个父接口组成。

2. 接口的使用

接口必须在定义类的时候才能使用，使用 implements 关键字来指定接口。使用接口定义类的语法格式如下。

```
class 类名 implements 接口列表{   }
```

接口定义的类，可以看成接口的子类，调用子类来使用接口的方法，可以更好地说明多态。

3. 抽象类和接口的比较

抽象类和接口非常相似，在特定的情况下可以互相替换。

抽象类和接口的不同点：类只可能有一个父类，因而子类只能对应一个抽象类，但是可以对应多个接口。例如，豹子和汽车赛跑，豹子和汽车很明显不属于同类物体，二者之间没有太多的共同属性和方法，如果使用抽象类来定义二者之间的关系，很容易造成关系混乱。豹子和汽车之间只有少量的属性和方法之间有一定的关系，因此使用接口定义二者之间的关系更为合适。

课堂训练

定义一个收费的接口来管理收费，定义坐公交车和看电影两个类，使用收费接口的方法来显示收费情况。

任务 5 抽象类与接口的综合应用

任务导入

任务 3.8 定义四个类，分别为马、猎豹、汽车、自行车。其中，马吃草、猎豹吃肉、汽车使用汽油、自行车人骑行；它们的速度分别为马 60 千米/时、猎豹 125 千米/时、汽车 100 千米/时、自行车 15 千米/时。使用抽象类和接口来定义四者之间的关系，定义方法来计算奔跑或行驶一段距离各对象所用的时间，定义方法比较两个不同类对象速度的快慢。

算法分析

(1)马、猎豹、汽车和自行车四个类很明显不属于同类物体，马和猎豹都属于动物，可以定义一个抽象类动物为二者的父类，定义属性为食物和速度。汽车和自行车都车辆，可以定义一个抽象类车为二者的父类，定义属性为动力来源的速度。

(2)马、猎豹、汽车和自行车不属于同类物体，不能抽象出共同的父类，只能使用定义接口来定义它们的方法。在定义接口时，应注意使用接口定义的方法如无直接调用其他类对象的属性，则只能定义方法来读取其他对象的属性。

参考代码

```
interface Runner{
//接口
    public abstract double getvelocity();//返回对象速度
    public abstract String cmprun(Runner obj);//比较速度的方法
}
abstract class animal implements Runner{
//抽象类动物
    protected String name;
    protected double velocity;
    public animal()
    {}
    public double getvelocity()
    {
    return this.velocity;
    }
        public String cmprun(Runner obj)//重写比较速度方法
    {
        if(this.getvelocity()>=obj.getvelocity())return this.name+"速度快";
        else return this.name+"速度慢";
    }
    public abstract String eat();//抽象方法吃
}
class horse extends animal//马
{
    public horse(){
        this.name="马";
        this.velocity=60;
    }
    public String eat()
    {
        return "马吃草";
    }
}
class cheetahs extends animal//猎豹
{
    public cheetahs(){
        this.name="猎豹";
        this.velocity=125;
    }
    public String eat()
    {
```

```
            return "猎豹吃肉";
        }
    }
    abstract class vehicle implements Runner{
    //抽象类车类
        protected String name;
        protected double velocity;
        public vehicle()
        {}
        public double getvelocity()
        {
            return this.velocity;
        }
        public String cmprun(Runner obj)
        {
            if(this.getvelocity()>=obj.getvelocity())return this.name+"速度快";
            else return this.name+"速度慢";
        }
        public abstract String power();//抽象方法动力
    }
    class car extends vehicle{
    //汽车
        public car(){
            this.name="汽车";
            this.velocity=100;
        }
        public String power()
        {
            return "汽车烧汽油";
        }
    }
    class bike extends vehicle{
    //自行车
        public bike(){
            this.name="自行车";
            this.velocity=15;
        }
        public String power()
        {
            return "自行车人力骑行";
        }
    }
```

```
public class abstractTest {
//测试类
    public static void main(String[] args){
        bike obj1=new bike();//建立自行车对象
        System.out.println(obj1.name+"的速度为:"+obj1.getvelocity());
        System.out.println(obj1.power());//查看自行车的动力方式
        cheetahs obj2=new cheetahs();//建立猎豹对象
        System.out.println(obj1.cmprun(obj2));//自行车与猎豹比较速度
        System.out.println(obj2.eat());//查看猎豹的食物
        System.out.println(obj2.cmprun(obj1));//猎豹与自行车比较速度
    }
}
```

运行结果如下。

```
自行车的速度为:15.0
自行车人力骑行
自行车速度慢
猎豹吃肉
猎豹速度快
```

任务6 类之间的关系

任务导入

任务3.9 定义三个类,分别为人、螺丝刀和螺钉。定义一个方法:人使用螺丝刀拧螺钉。

算法分析

(1)分别建立三个类,并重写toString()方法。

(2)在人类中定义方法,调用螺丝刀和螺钉对象完成拧螺钉方法。

参考代码

```
class person{
//人类
    public String name;
    public person(String name){
        this.name=name;
    }
    public String toString(){
        return this.name;
    }
```

```
    public void work(screwdriver obj1,screw obj2){
        System.out.print(this.name+"用"+obj1+"拧"+obj2);
    }
}
class screwdriver{
//螺丝刀类
    public String toString(){
        return "螺丝刀";
    }
}
class screw{
//螺钉类
    public String toString(){
        return "螺钉";
    }
}
public class persontest {
//测试类
    public static void main(String[] args){
        // TODO Auto-generated method stub
        person o1=new person("张三");//新建人对象
        screwdriver o2=new screwdriver();//新建螺丝刀对象
        screw o3=new screw();//新建螺钉对象
        o1.work(o2,o3);//人做事
    }
}
```

运行结果如下。

张三用螺丝刀拧螺钉

任务 3.10 建立三个类，分别为人、手和脚。并在定义的手类中定义写字的方法，在脚类中定义跳的方法。

算法分析

(1)分别建立三个类：人、手、脚。

(2)在人类中定义四个属性，分别表示人的左手和右手，左脚和右脚。

(3)在手类中定义写字的方法，在脚类中定义跳的方法。

(4)在测试类中调试运行。

参考代码

```
class person{
//人类
    public String name;
    public hand handl;
    public hand handr;
```

```
        public foot footl;
        public foot footr;
        public person(String name,hand handl,hand handr,foot footl,foot footr){
            this.name=name;
            this.handl=handl;
            this.handr=handr;
            this.footl=footl;
            this.footr=footr;
        }
        public String toString(){
            return this.name;
        }
    }
    class hand{
    //手类
        public String name;
        public hand(String name){
            this.name=name;
        }
        public String toString(){
            return this.name;
        }
        public String write(){
            return this.name+"写字";
        }
    }
    class foot{
    //脚类
        public String name;
        public foot(String name){
            this.name=name;
        }
        public String toString(){
            return this.name;
        }
        public String jump(){
            return this.name+"跳";
        }
    }
    public class persontest {
    //测试类
        public static void main(String[] args){
```

```
        person obj1=new person("张三",new hand("右手"),new hand("左手"),new foot
("右脚"),new foot("左脚"));//新建人对象
        System.out.println(obj1.handr.write());
        System.out.println(obj1.footr.jump());
    }
}
```

程序的运行结果如下。

左手写字
左脚跳

知识点

类之间的关系主要分为:泛化、依赖、关联等。

1. 泛化

泛化与继承是同一概念,汽化关系用于描述父类和子类之间的关系,子类对象实际上属于父类,可以使用父类实例存储子类对象,其语法格式如下。

```
父类 父类实例= new 子类();
```

利用这一特点,各子类对象可以有效地用父类实例访问其他子类中的数据。例如,【任务 3.6】中长方形类、三角形类、平行四边形类之间有泛化关系,可以通过父类(Shape 类)体现其他泛化关系。Shape 类中比较两图形大小的方法中,参数类型为 Shape,调用这个方法时,参数可以是 Shape 类的任意一个子类对象,将子类对象泛化成父类实例进行面积的大小的比较,从而完成了不同图形之间大小的比较。

```
public static Shape cmpShare(Shape s1,Shape s2){
//找出两个图形中面积较大的图形
    if(s1.area()>s2.area())return s1;
    else return s2;
}
```

2. 依赖

依赖是多个对象之间的一种关系,一个元素在某种程度上依赖于另一个元素。例如,在【任务 3.9】中人去拧螺丝,需要借助螺丝刀的帮助才能完成拧螺丝的工作,这就是一种依赖关系。

3. 关联

关联是指对象之间的相互连接的描述,两个对象之间或多或少存在着一定的联系,当多个实例间存在着固定对应关系,则实例与实例之间存在着关联关系。关联关系分为以下三种。

- 一对一关联。例如,一个人只有一张身份证,一张身份证也只能对应一个人,那么人和身份证之间就是一对一关系,也称为一对一关联。
- 一对多关联。例如,一个部门有多个员工,但每个员工只属于一个部门,那么部门和员

工就是一对多的关系。

● 多对多关联。例如,一个学生可以选多门课,而每门课又可以被多个学生选,那么学生和课之间就存在着多对多的关系。

从访问方式上来看,关联关系上也可分为单向关联和双向关联两种。

● 单向关联:只能从一个类的对象访问另一个类的对象的关联。下面的示例中,人对象可以通过 obj 属性访问自行车对象,而自行车对象不能访问人对象。

```
class person{
    bike obj;//在人类中定义自行车属性
}
class bike{
}
```

● 双向关联:两个类对象可以互相访问。下面的示例中,两类对象中都相应的属性,可以互相访问。

```
class person{
    bike obj;//在人类中定义自行车属性
}
class bike{
    person obj;//在自行车类中定义人属性
}
```

关联关系在不同的形式下还可以分类,在包含关系上还可以分为聚合关系和组合关系。

在前面的【任务 3.9】中三个类:人、螺丝刀和螺钉所建立的对象处于同一层面上,三者之间不存在包含关系,这种关系可称之为组合关系。而在【任务 3.10】中人类和手类、脚类很明显有包含关系,手对象和脚对象属于人对象,这种关系称之为聚合关系。

课堂训练

(1)定义两个类:人和小汽车。在人类中定义一个开车的方法。

(2)定义三个类:人、眼睛、书。其中,在眼睛类中定义一个看书的方法。

习题3

一、判断题

(1)类只能继承一个抽象类,也只能继承一个接口。(　　)

(2)抽象类可以实例化。(　　)

(3)类的私有的属性可以被子类继承。(　　)

(4)必须对类进行实例化,才能使用静态变量。(　　)

(5)Object 是所有类的父类。(　　)

(6)子类成员必定是父类成员。(　　)

(7)在类的继承中,子类不能重写静态方法。(　　)

(8)方法重载也就是写相同名字的方法,参数、类型、数量都可以相同。(　　)

二、简答题

(1)抽象类和接口有什么区别?

(2)方法的重载和方法的重写有什么区别?

三、编程题

(1)使用类的继承编写三个类,分别为汽车、轿车、面包车。其包括品牌、车长、座位数等属性,编写完整的函数,并重写 toString()方法,在 main()方法中进行测试。

(2)使用动物的继承关系编写程序。动物具有属性为名字和体长,方法为吃和跑,动物吃的方法不同,牛吃草,狮子吃肉,跑的方法相同。请使用抽象类来编写程序,在 main()方法中进行测试。

(3)使用接口完成以下程序。定义两个类:豹子和汽车,豹子的属性有食物和速度,汽车的属性有速度。编程方法为根据里程,计算出豹子和汽车需要的时间。

单元 4 异常处理

知识目标

(1)掌握异常的概念、分类和常见的异常。

(2)掌握异常的捕获。

(3)掌握异常的抛出。

(4)掌握自定义异常。

能力目标

能够正确处理程序中出现的异常。

任务 1 认识异常

任务导入

任务 4.1 数组下标越界异常。

算法分析

(1)定义一个包含 main()方法的主类 Test4_1。

(2)定义一个长度为 5 的数组。

(3)打印数组第 10 个元素。

(4)运行时出现 ArrayIndexOutOfBoundsException 异常。

参考代码

```
public class Test4_1 {
    public static void main(String[] args){
        // TODO Auto-generated method stub
        int[] arr={1,2,3,4,5};
        System.out.println(arr[10]);
        System.out.println("打印成功");
    }
}
```

程序的运行结果如图 4.1 所示。

```
Problems  @ Javadoc  Declaration  Console
<terminated> Test4_1 [Java Application] C:\Program Files\Java\jre1.8.0_111\bin\javaw.e
Exception in thread "main" java.lang.ArrayIndexOutOfBoundsException: 10
        at Test4_1.main(Test4_1.java:8)
```

图 4.1　数组越界异常

程序编译通过，但执行到 System. out. println（arr［10］）时出现 ArrayIndex OutOfBoundsException 数组索引越界异常，程序终止。ArrayIndexOutOfBounds Exception 属于运行时异常，编译可以通过，但在运行时出现数组索引越界的时候被抛出。

任务 4.2　编译时异常。

算法分析

（1）定义一个包含 main()方法的主类 Test4_2。

（2）定义一个 FileInputStream 对象，读取 name. txt 文件。

（3）程序编译失败。

参考代码

```
public class Test4_2 {
    public static void main(String[] args){
        // TODO Auto-generated method stub
        FileInputStream  is=new FileInputStream("name.txt");//编译不通过
        System.out.println("读取文件");
    }
}
```

程序的运行结果如图 4.2 所示。因为可能存在 FileNotFoundException 异常，此异常属于编译时异常，必须进行异常处理（抛出或者捕获）才能编译通过。

```
public class Test4_2 {

    public static void main(String[] args) {
        // TODO Auto-generated method stub
        FileInputStream  is = new FileInputStream("name.txt");  //编译不通过
        System.out.println("读取文件
    }
}

Unhandled exception type FileNotFoundException
2 quick fixes available:
  Add throws declaration
  Surround with try/catch
```

图 4.2　编译时异常

知识点

异常

在程序设计和运行的过程中难免出现错误，导致程序终止。为此，Java 提供了异常处理机制来检查可能出现的错误。

异常的分类具体如下。

Throwable 类是 Java 语言中所有错误或异常的超类。Throwable 包含两个重要的子类：Error（错误）和 Exception（异常），二者各自也都包含大量子类，如图 4.3 所示。

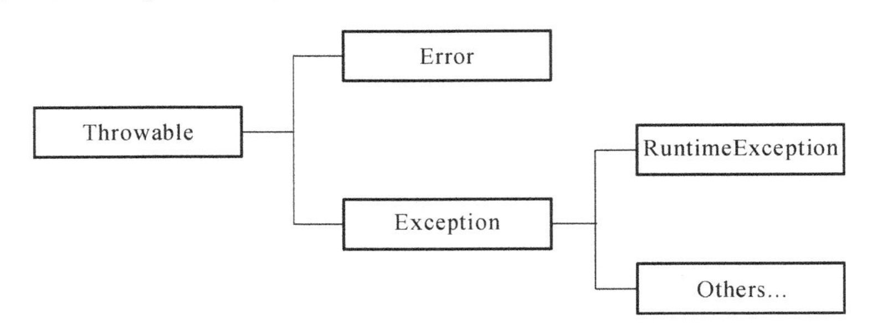

图 4.3　异常分类

（1）Error 用于指示运行应用程序中较严重问题。大多数错误与代码编写者执行的操作无关，而表示代码运行时 Java 虚拟机出现的问题。例如，当 Java 虚拟不再有继续执行操作所需的内存资源时，将出现 OutOfMemoryError。这类问题发生时，Java 虚拟机一般会选择线程终止。这些错误是不可查的，因为它们在应用程序的控制和处理能力之外，而且绝大多数是程序运行时不允许出现的状况。对于设计合理的应用程序来说，即使发生了错误，本质上也不应该试图去处理它所引起的异常状况。

（2）Exception 类是应用程序可能捕捉的异常类的超类，也是用来创建用户自定义异常类型的超类。Exception 又可分为两类：运行时异常和编译时异常。

- 运行时异常（RuntimeException）：如 NullPointerException（空指针异常）、IndexOutOfBoundsException（下标越界异常）等，这些异常是不检查异常，程序中可以选择捕获处理，也可以不处理。这些异常一般是由程序设计逻辑错误引起的，程序员应该尽可能避免这类异常的发生。运行时异常的特点是 Java 编译器不会检查它，也就是说，当程序中可能出现这类异常，也会编译通过。常见的 RuntimeException 子类见表 4.1。

表 4.1　常见的 RuntimeException 子类

异常名	异常描述
java. lang. NullPointerException	空指针异常。当应用试图在要求使用对象的地方使用了 null 时，抛出该异常
java. lang. ArrayIndexOutOfBoundsException	数组索引越界异常。当对数组的索引值为负数或大于等于数组大小时抛出
java. lang. ArithmeticException	算术条件异常。例如：整数除以零等
java. lang. IllegalArgumentException	非法参数异常
java. lang. SecurityException	安全性异常
java. lang. ArrayStoreException	数组中包含不兼容的值抛出的异常
java. lang. NegativeArraySizeException	数组长度为负异常

- 编译时异常：除了 RuntimeException 以外的其他异常见表 4.2。例如，FileNotFoundException 异常，Java 编译器要求在程序中必须进行处理（捕获或抛出），否则程序不能编译通过。

表 4.2 其他常见异常

异常名	异常描述
IOException	操作输入流和输出流时可能出现的异常
EOFException	文件已结束异常
FileNotFoundException	文件未找到异常

课堂训练

编写一个出现除数为 0 的异常程序。

任务 2 捕获异常

任务导入

任务 4.3 捕获数组越界异常。

算法分析

(1)定义一个包含 main()方法的主类 Test4_3。

(2)定义一个长度为 5 的数组。

(3)打印数组第 10 个元素,利用 try-catch 检测捕获异常。

参考代码

```
public class Test4_3{
    public static void main(String[] args){
        int[] arr={1,2,3,4,5};
        try{
          System.out.println(arr[10]);
        }catch(ArrayIndexOutOfBoundsException e){
          System.out.println("数组越界了");
        }
        System.out.println("打印完毕");
    }
}
```

程序的运行结果如图 4.4 所示。

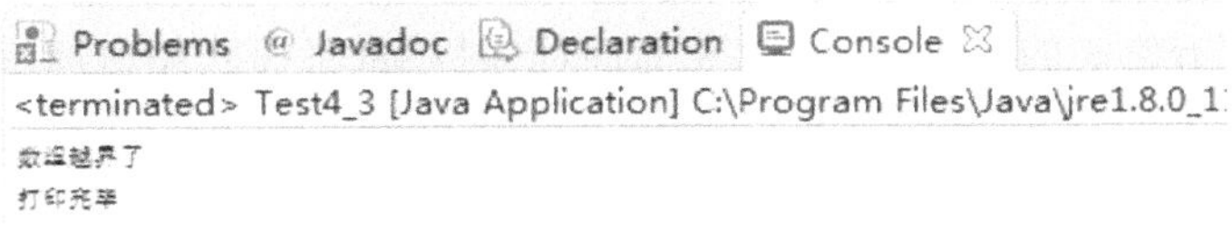

Problems @ Javadoc Declaration Console

<terminated> Test4_3 [Java Application] C:\Program Files\Java\jre1.8.0_1

数组越界了

打印完毕

图 4.4 捕获异常

try检测到System.out.println(arr[10])语句有异常，该异常对象与catch字句中的ArrayIndexOutOfBoundsException异常匹配，捕获该异常并进行相应处理，打印“数组越界”，通过try-catch将问题处理了，程序会继续执行，输出“打印完毕”。

知识点

异常处理的机制

在Java应用程序中，异常处理的机制为：抛出异常，捕捉异常。

- 抛出异常：若某个方法可能发生异常，但不想在当前方法中处理这个异常，可以使用关键字throws或throw在方法中抛出异常。
- 异常捕获：捕捉异常通过try-catch语句或者try-catch-finally语句实现。try语句块用于检测异常，存放有可能出现异常的语句块。catch语句块用于捕获并处理try语句块检测到的异常。finally语句块的作用是无论是否捕获或处理异常，finally语句块里的语句都会被执行。try语句块可接零个或多个catch语句块，如果没有catch语句块，则必须跟一个finally语句块。

1. try-catch语句

在Java中，异常通过try-catch语句捕获。其一般语法格式如下。

```
try {
    // 可能发生异常的程序块
}carch(ExceptionType1 e){
    //对 ExceptionType1 类型的异常对象进行处理
} carch(ExceptionType2 e){
    //对 ExceptionType2 类型的异常对象进行处理
}
```

关键词try后的一对花括号将有可能发生异常的代码包起来，称为监控区域。Java方法在运行过程中出现异常，则创建异常对象。然后将异常抛出监控区域之外，由Java运行时系统寻找匹配的catch子句以捕获异常。若有匹配的catch子句，则运行其异常处理代码，try-catch语句结束。

多个catch子句匹配的原则是：如果抛出的异常对象属于catch子句的异常类，或者属于该异常类的子类，则认为生成的异常对象与catch语句块中的异常类型相匹配即捕获到该异常，则进入该catch语句块异常处理代码。一经处理结束，就意味着整个try-catch语句结束。其他的catch子句不再有匹配和捕获异常类型的机会。对于有多个catch子句的异常程序而言，应该尽量将捕获底层异常类的catch子句放在前面，同时尽量将捕获相对高层的异常类的catch子句放在后面。否则，捕获底层异常类的catch子句将可能会被屏蔽。例如：Exception类是所有异常的父类，ArithmeticException类和ArrayIndexOutOfBoundsException类都是它的子类。因此，Exception异常类的catch子句应该放在最后面，否则可能会屏蔽其后的特定异常处理或引起编译错误。

例 4.1 try-catch 语句的示例程序。

```
public class Test4_3_1{
    public static void main(String[] args){
        int a=10;
        int b=2;
        int[] arr={1,2,3,4,5};
        try {
            System.out.println(a / b);
            System.out.println(arr[10]);
        } catch(ArithmeticException e){
            System.out.println("除数不能为零");
        } catch(ArrayIndexOutOfBoundsException e){
            System.out.println("数组索引越界了");
        } catch(Exception e){
            System.out.println("出错了");
        }
    System.out.println("打印完毕");
    }
}
```

2. try-catch-finally 语句

try-catch 语句还可以包括第三部分，就是 finally 子句。它表示无论是否出现异常，都应当执行的内容，常用于释放资源，使用在 IO 流操作和数据库操作中。try-catch-finally 语句的一般语法格式如下。

```
try {
    // 可能发生异常的程序块
}carch(ExceptionType1 e){
    //对 ExceptionType1 类型的异常对象进行处理
} carch(ExceptionType2 e){
    //对 ExceptionType2 类型的异常对象进行处理
}
...
finally{
    //无论是否发生异常，都将执行的语句块
}
```

try、catch、finally 语句块的执行顺序的规则具体如下。

(1)当 try 没有检测到异常时，try 语句块中的语句逐一被执行，程序将跳过 catch 语句块，执行 finally 语句块和其后的语句。

(2)当 try 检测到异常，但 catch 语句块中没有处理此异常时，此异常将会抛给 Java 虚拟机处理，finally 语句块里的语句还是会被执行，但 finally 语句块后的语句不会被执行。

(3)当 try 捕获到异常，且此异常在 catch 语句块里有相匹配的类型，那么在 try 语句块中是按照顺序来执行的，当执行到某一条语句出现异常时，程序将跳到 catch 语句块，并与

catch 语句块逐一匹配，找到与之对应的处理程序，其他的 catch 语句块将不会被执行；而 try 语句块中，出现异常之后的语句也不会被执行；catch 语句块执行完后，执行 finally 语句块里的语句，最后执行 finally 语句块后的语句。

但在以下四种特殊情况下，finally 块不会被执行：

(1)在 finally 语句块中发生了异常；

(2)在前面的代码中用了 System. exit()退出程序；

(3)程序所在的线程死亡；

(4)关闭 CPU。

3. Exception 几个常见方法

Exception 是 try 语句块传给 catch 语句块的变量类型，变量名是 e。catch 语句块中最好能输出异常性质的相关信息，异常处理常用以下三个方法来获取相关信息。

- getMessage()：返回此 Exception 的详细消息字符串，返回字符串。
- toString()：返回此刻抛出的简短描述，返回字符串。
- printStackTrace()：指出异常的类名、出现在程序中的位置等，返回 void。

例 4.2 Exception 几个常见方法的示例程序。

```
public class Test4_3_2 {
    public static void main(String[] args){
        // TODO Auto-generated method stub
        int[] arr={1,2,3,4,5};
        try{
            System.out.println(arr[10]);
        }catch(Exception e){      //Exception 任何异常及其子类都可以捕获
            e.printStackTrace();  //打印具体异常类型和位置
        }
        System.out.println("打印完毕");
    }
}
```

程序的运行结果如图 4.5 所示。

```
<terminated> Test4_3_2 [Java Application] C:\Program Files\Jav
java.lang.ArrayIndexOutOfBoundsException: 10
	at Test4_3_2.main(Test4_3_2.java:9)
打印完毕
```

图 4.5 例 4.2 运行结果

例 4.2 程序中 catch 语句块直接捕捉 Exception，Exception 是所有异常的超类，这样做的好处是可以捕捉所有异常，包括本例中的 Exception 的子类 ArrayIndexOutOfBoundsException。再通过 printStackTrace()方法输出具体异常信息。

4. Java 对不同异常的处理有不同的要求

- 运行时异常(编译器不要求强制处置的异常)：包括 RuntimeException 与其子类。编译器不会检查程序是否对 RuntimeException 作了处理，在程序中不必捕获 Runtime

Exception 类型的异常，也不必在方法体声明抛出 RuntimeException 类。Runtime Exception 发生的时候，表示程序中出现了编程错误，程序员应该找出错误修改程序，当然从规则上来说，捕获或抛出 RuntimeException 是被允许的。

● 编译时异常（编译器要求必须处置的异常）：除了 Exception 中的 RuntimeException 及其子类以外，其他的 Exception 类及其子类（如 IOException 和 FileNotFoundException）都属于编译时异常。这种异常的特点是 Java 编译器会检查它，也就是说，当程序中可能出现这类异常时，要么用 try-catch 语句捕获它，要么用 throws 子句声明抛出它，否则编译不会通过。例如，以下语句：

```
FileInputStream  fis=new FileInputStream("name.txt");
```

该语句的作用是读取文件系统中路径名 name. txt 文件，但是这样写编译器是不会通过的，因为有可能出现该文件不存在，或者文件被损坏的异常情况，这是程序员无法自己掌控的，所以必须做出预处理，例如用 try-catch 语句捕获，示例代码如下。

```
try {
    FileInputStream fis=new FileInputStream("name.txt");
}carch(Exception e){
}
```

课堂训练

捕获除数为 0 异常，在控制台输出异常信息。

任务 3 抛出异常

任务导入

任务 4.4 判断输入的年龄数值是否合法，否则抛出异常。

算法分析

(1)定义一个类 Person，包含属性 age 表示年龄，带参数构造方法 Person。

(2)定义方法 getAge()，返回年龄 age。

(3)定义方法 setAge(int age)，当 age 值小于 0 或大于 150 时抛出异常。

(4)定义一个包含 main()方法的主类 Test4_4。

(5)定义一个 Person 的对象 p，调用 setAge(－17)方法，由于该方法可能抛异常，用 try-catch 捕获。

参考代码

```
class Person {
    private int age;
    public Person(){
        super();
```

```
        }
    public Person(int age){
        this.age=age;
    }
    public int getAge(){
        return age;
    }
    public void setAge(int age)throws Exception { //用 throws 声明此方法可能会抛异常
        if(age>0 && age<=150){
            this.age=age;
        }else {
            Exception e=new Exception("年龄非法");//年龄非法时,定义一个异常对象
            throw e;                                    //通过 throw 将异常抛出
        }
    }
}
public class Test4_4 {
    public static void main(String[] args){
        // TODO Auto-generated method stub
        Person p=new Person();
        try{                                        //捕获异常
            p.setAge(-17);
        }catch(Exception e){
            System.out.println(e.getMessage());
        }
        System.out.println(p.getAge());
    }
}
```

程序的运行结果如图 4.6 所示。

```
Problems  @ Javadoc  Declaration  Console ✕
&lt;terminated&gt; Test4_4 [Java Application] C:\Program Files\Java\jre1
年龄非法
0
```

图 4.6 抛出异常

定义 setAge(int age)方法时对输入变量 age 进行了判断,当 age 小于 0 或者大于 150 时,会生成一个 Exception 类型的异常对象,异常信息是"年龄非法",并且通过 throw 抛出,并使用 throws 声明了 setAge(int age)方法可能会抛出 Exception 类型的异常。当程序调用 setAge(－17)方法时,利用 try 检测抛出的异常,catch 捕获到 Exception 类型异常,通过 getMessage()输出异常信息"年龄非法",程序继续执行,由于年龄没有设置成功,System. out. println(p. getAge())输出的结果为 0。

知识点

抛出异常

1. throw

任何 Java 代码都可以抛出异常，如自己编写的代码、来自 Java 开发环境包中代码，或者 Java 运行时系统。无论是哪种情况，都可以通过 Java 的 throw 语句抛出异常。例如，抛出一个 IOException 类的异常对象，其代码如下。

```
throw new IOException;
```

throw 总是出现在方法体中，用来抛出一个 Throwable 类型及其子类的异常对象。程序会在 throw 语句后立即终止，它后面的语句将不再执行。throw 抛出异常后，需要在抛出异常的方法中使用 throws 关键字声明要抛出的异常类型。如果要捕获 throw 抛出的异常，要使用 try-catch 语句。

2. throws

throws 语句用在方法定义时声明该方法要抛出的异常类型，多个异常可使用逗号分隔。如果抛出的是 Exception 异常类型，则该方法被声明为抛出所有的异常。throws 语句的语法格式如下。

```
methodname throws Exception1,Exception2,....,ExceptionN  {  }
```

方法名后的 throws Exception1，Exception2，…，ExceptionN 为声明要抛出的异常列表。当方法抛出异常列表的异常时，方法将不对这些类型及其子类的异常进行处理，而抛向调用该方法的方法，由其通过 try-catch 语句处理，或者调用者也不想处理该异常，可以继续向上抛出，但最终要有能够处理该异常的调用者，如果一直向上抛，最后 Java 虚拟机会进行处理，其处理方式也很简单，就是输出异常消息和堆栈信息。

```
public class Test4_4_1 {
    public static void main(String[] args)throws Exception {   //声明上层的方法进行处理
        Person p=new Person();
        p.setAge(-17);                    //未对可能出现异常的方法进行处理
        System.out.println(p.getAge());
    }
}
```

程序运行结果如图 4.7 所示。

```
Problems  Javadoc  Declaration  Console
<terminated> Test4_4_1 [Java Application] C:\Program Files\Java\jre1.8.C
Exception in thread "main" AgeOutOfBoundsException: 
        at Person.setAge(Test4 4.java:40)
        at Test4_4_1.main(Test4 4 1.java:5)
```

图 4.7　继续向上抛异常

在上述程序中，调用 setAge(－17)方法时，并没有通过 try-catch 语句处理，而是继续向上抛出，交给调用它的方法 main()处理，main()方法的处理方式仍然是抛出，最后由 Java 虚拟机处理，输出异常信息年龄非法，程序终止。

如果抛出的是 Error 或 RuntimeException，则该方法的调用者可选择是否处理该异常，无须在此方法上用 throws 声明。

```
public void setAge(int age){          //RuntimeException 无需用 throws 声明
    if(age>0 && age<=150){
        this.age=age;
    }else {
        throw new RuntimeException("年龄非法");//抛出 RuntimeException
    }
}
```

3. throw 和 throws 的区别

throw 用在方法体内，后面跟异常对象，只能抛出一个异常对象；throws 用在方法声明后面，后面跟异常类名，并且可以跟多个异常类名，用逗号隔开，表示该方法可能抛出异常，并由该方法的调用者来处理。

课堂训练

在 Person 类中增加性别 sex 属性，并定义 setSex(String sex)、getSex()方法用于设置和获取性别，setSex(String sex)方法中，当性别输入不是“男”或“女”时，抛出异常。

任务4 自定义异常

任务导入

任务 4.5 修改 Test4_4，定义自定义年龄非法异常。

算法分析

(1)在 Test4_4 中进行修改。

(2)自定义 AgeOutOfBoundsException 类继承 Exception。

(3)自定义 AgeOutOfBoundsException 类的构造方法，继承父类的构成方法。

(4)修改 Person 类的 setAge(int age)方法，当年龄小于 0 或大于 150 时，抛出自定义异常 AgeOutOfBoundsException 。

参考代码

```
class AgeOutOfBoundsException extends Exception { //创建自定义异常，继承 Exception 类
    public AgeOutOfBoundsException(){           //构造方法
        super();
```

```
        }
        public AgeOutOfBoundsException(String message){   //构造方法
            super(message);
        }
    }
    public void setAge(int age)throws AgeOutOfBoundsException {
        if(age>0 && age<=150){
            this.age=age;
        }else {
            AgeOutOfBoundsException e=new AgeOutOfBoundsException("年龄非法");
            throw e;
        }
    }
```

AgeOutOfBoundsException 自定义异常类继承 Exception 类，构造方法中参数 message 是要输出的异常信息。若想抛出用户自定义的异常对象，要使用 throw 关键字抛出。

知识点

一、自定义异常

Java 内置的异常类可以描述在编程时出现的大部分异常情况。除此之外，用户还可以继承 Exception 类来自定义异常。自定义异常分以下几步。

（1）创建自定义异常类。

（2）在方法中通过 throw 关键字抛出异常对象。

（3）如果在当前抛出异常的方法中处理异常，可以使用 try-catch 语句捕获并处理，否则在方法的声明处通过 throws 关键字指明要抛出给方法调用者的异常类型，继续下一步处理。

（4）在出现异常方法的调用者中捕获并处理异常。

二、异常的注意事项

编写代码时对于异常及其处理应注意以下几点。

（1）一个方法被重写时，重写的方法必须抛出相同的异常或异常的子类。

（2）如果父类抛出多个异常，子类重写父类方法时，只能抛出那些异常的一个子集，子类不能抛出父类没有的异常。

（3）如果父类方法没有异常抛出，那么子类绝对不可以抛出异常。如果子类方法中有异常发生，只能捕获。

（4）如果在方法中能将异常问题解决，应使用 try-catch 语句解决，处理不了的用 throws 声明，交由上层调用者处理。

课堂训练

自定义性别输入非法异常。

习题4

一、选择题

1. (   )类是所有异常类的父类。

A. Throwable B. Error C. Exception D. RuntimeException

2. 为了捕获可能出现的异常，代码必须放在(   )语句块中。

A. try B. catch C. throws D. finally

3. 在代码中，使用catch(Exception e)的好处是(   )。

A. 执行一些程序 B. 忽略一些异常

C. 捕获try块中产生的所有类型的异常 D. 只会捕捉个别类型异常

4. 对于catch子句的排列，下列说法正确的是(   )。

A. 父类在前，子类在后

B. 子类在前，父类在后

C. 有继承关系的异常不能在同一个try语句块内

D. 先有子类，其他如何排列都没有关系

5. 当方法遇到异常又不知如何处理时，下列说法是正确的是(   )。

A. 捕获异常 B. 抛出异常 C. 声明异常 D. 嵌套异常

二、填空题

1. Throwable类有两个子类：________类和________类。

2. ________异常，编译能通过。

3. 捕获异常要求在程序的方法中预先声明，在调用方法时用try-catch-________语句捕获并处理。

4. 下面程序抛出了一个异常并捕捉它。请在横线处填入适当内容完成程序。

```
class ThrowsDemo
{
    static void procedure()________ IllegalAccessExcepton {
        System.out.println("inside procedurei");
        ________ new  IllegalAccessException("demo");
    }
    public static void main(String args[]){
        try {
            procedure();
        }________{
        System.out.println("捕获："+e);
        }
    }
}
```

三、编程题

编写程序，输入三个数，判断是否能构成三角形。如果可以构成三角形，则在控制台输出“可以构成三角形”，否则提示异常信息“无法构成三角形”，请用自定义异常实现。

提示：构成三角形，需要满足两个条件：三条边都大于 0；两边之和大于第三边。

单元5 泛型与集合框架

知识目标

（1）掌握泛型类的定义和使用。

（2）掌握泛型方法的定义和使用。

（3）掌握泛型接口的定义和使用。

（4）掌握 Java 常见的泛型集合类的使用方法。

能力目标

（1）具有使用泛型实现代码复用，优化程序设计的能力。

（2）培养使用 Java SDK 中常见泛型类解决问题的能力。

任务1 泛型类的定义和使用

任务导入

任务5.1 定义泛型类，该类可以存储和表示一对值。这对值可能是数字、字符串等各种类型。编写程序，实现如下功能：(1)使用所定义泛型类存储温度上下限；(2)使用所定义的泛型类存储足球对阵双方球队的名称。

算法分析

（1）定义一个类 Couple，类中包含两个成员变量 v1，v2，分别表示两个值，形成一对。为这两个成员变量编写取值赋值方法：getV1，setV1，getV2，setV2。

（2）值可能是任何类型，v1、v2 类型如何定义？是否需要为每个类型都写一个类？例如，值为 int 型，定义 CoupleInt 类，v1、v2 类型定义为 int；get 方法返回值为 int，set 方法形参为 int 类型。

> **思考：**
> 若值为 string 类型、double 类型，是否也需要写各自的类型来存储 string 值对、double 值对？

（3）使用泛型类型，实现对 Couple 的复用。应将 Couple 定义为泛型类，在类名之后增加〈T〉，其中 T 用来代替具体类型。

（4）在类中定义 v1、v2 时，具体数据类型使用 T 来表示。

(5)在类中定义 get 方法和 set 方法时，返回值或者参数的具体数据类型使用 T 来表示。

(6)定义 main()方法，在 main()方法中定义并实例化 Couple 对象。试着将 Couple 存入一对字符串 string 类型的值、一对整数 int 类型的值。

参考代码 1

```
Couple.java
package cn.edu.whcvc.book.professionalJava.c5;
public class Couple<T>{
    private T v1;
    private T v2;
    public T getV1(){
        return v1;
    }
    public void setV1(T v1){
        this.v1=v1;
    }
    public T getV2(){
        return v2;
    }
    public void setV2(T v2){
        this.v2=v2;
    }
    @ Override
    public String toString(){
        return "v1:"+v1+","+"v2:"+v2+",是一对!";
    }
}
```

参考代码 2

```
Main.java
package cn.edu.whcvc.book.professionalJava.c5;
import sun.swing.text.CountingPrintable;
public class Main {
    public static void main(String[] args){
        // TODO Auto-generated method stub
        //温度上下限所组成的值对
        Couple<Integer>  tempThres=new Couple<Integer>();
        //这里不能用 int 代替 Integer,试试看
        tempThres.setV1(25);
        tempThres.setV2(15);
        System.out.println(tempThres);
        //足球决赛的对阵双方
```

```
        Couple<String>finalTeams=new Couple<String>();
        finalTeams.setV1("Germany");
        finalTeams.setV1("France");
        System.out.println(finalTeams);
    }
}
```

足球比赛需要记录球队名称和积分，银行账户需要记录账户名和余额，球队名称是球队的唯一标识，账户名在银行内部也是唯一标识，我们把它们称为键，而积分和余额我们称为值。类似的键值对数据还有很多，如成绩单上的(学号，成绩)等。

任务 5.2 定义一个能存储处理一组键值对的泛型，要求该泛型能存储任何类型的键值对。

算法分析

(1)定义一个类 KeyValuePair，类中包含两个成员变量 key 和 value，分别表示键和值，形成键值对。为两个成员变量编写取值赋值方法：getKey，setKey，getValue，setValue。

(2)键和值都可能是任何类型，因此必须有两个符号 K，V 分别指代键和值的类型。

(3)getKey 的返回值是键，因此返回值类型应使用 K 指代，setKey 的形参类型应使用 K 指代。

(4)getValue 的返回值是值，因此类型应使用 V 指代，setValue 的形参类型应使用 V 指代。

(5)编写 main()方法，在 main()方法中定义并实例化 KeyValuePair 对象。试着将学号-成绩键值对存入 KeyValuePair 类型对象。其中，学号使用 string 类型，成绩使用 double 类型。因此，首先应定义 KeyValuePair〈String，double〉类型的引用，并实例化。然后调用引用的 setKey 方法设置学号的值，调用 setValue 方法设置成绩。

参考代码 1

```
KeyValuePair.java
package cn.edu.whcvc.book.professionalJava.c5_2;
public class KeyValuePair<K,V>{
    private K key;
    private V value;
    public K getKey(){
        return key;
    }
    public void setKey(K key){
        this.key=key;
    }
    public V getValue(){
        return value;
    }
    public void setValue(V value){
```

```
        this.value=value;
    }
    @ Override
    public String toString(){
        return "key:"+key+","+"value:"+value+",是一对!";
    }
}
```

参考代码 2

```
Main.java
package cn.edu.whcvc.book.professionalJava.c5_2;
public class Main {
    public static void main(String[] args){
        //学生-成绩键值对
      KeyValuePair<String,Double>   score=new KeyValuePair<String,Double>();
      //这里不能用 double 代替 Double,试试看
        score.setKey("张三");
        score.setValue(98.5);
        System.out.println(score);
    }
}
```

知识点

一、什么是泛型

泛型是 Java 中的重要概念,在面向对象编程和各种设计模式中经常会用到泛型。

泛型,就是将具体类型参数化。我们知道 Java 的方法提供了参数。定义方法时使用了形参,在调用方法时才给定参数真正的值也即传递实参。那么参数化类型,实际上就是指在定义泛型类、泛型方法、泛型接口时只指定形式上的类型,并不指定实际类型。在使用类、方法、接口时,才指定实际类型。方法的参数意味着,我们可以给方法传递任何值进行计算;而泛型中的类型参数化意味着,我们定义了泛型后,可以在使用时给泛型指定任何数据类型。

显然,泛型提供了代码复用的能力,让原本关联到某个具体类型的模块,可以被广泛用在各种数据类型上。

二、定义泛型类

任务 5.1 要求我们定义一个泛型类,该泛型类能够存储两个值。泛型类的定义看起来与普通类的定义类似,但是其在类名的后面有一个参数设定。下面是将 Couple.java 中 Couple 类以泛型类表示的简略形式:

```
public class Couple<T>{
//这里省略了 Couple 泛型类的实现
}
```

从这个 Couple 泛型类的定义中我们发现，与普通类相比，只是多了一对尖括号〈〉和字母 T。T 不是具体的类型，而是类型的指代，它代替了具体类型。这个 T 可以理解为 Couple 类中会使用某种类型。

Couple 类的实现中我们又发现，在定义成员变量和成员方法时，都使用了类型 T。这就避免了在类中指定具体类型，而是可以泛化到任何类型。

```
private T v1;
private T v2;
public T getV1(){
    return v1;
}
```

三、实例化泛型类

我们再来看 main()方法中使用泛型类 Couple。在任务 5.1 中，定义变量 tempThres 以及实例化时，都在尖括号里使用了具体的类型 Integer 代替 T。这时 Couple 类中的所有 T 类型就会具体到 Integer 类型。因此定义泛型时不指定具体类型，在使用时才指定具体类型。

```
//温度上下限所组成的值对
    Couple<Integer>tempThres=new Couple<Integer>();
//这里不能用 int 代替 Integer，试试看
    tempThres.setV1(25);
    tempThres.setV2(15);
```

要存储温度上下限，我们使用了 Couple<Integer>，在泛型类 Couple 中代入了 Integer 类型。

思考：

存储两只球队的名称，是否使用 Couple<String>就可以了呢？

四、多类型泛型类

在任务 5.2 中，泛型类需要处理键和值两个数据，键和值的类型不一定相同。泛型类提供了处理多种类型的方式。在定义泛型类时，尖括号中可包含多个类型，分别用不同的字符指代。例如，任务 5.2 的代码中，使用 K 指代键的类型，使用 V 指代值的类型。public class KeyValuePair〈K，V〉。在泛型类的实现中，如果使用 K 字符，则表示 K 所指代的类型。使用 V 字符，则表示 V 所指代的类型。在 main()方法中使用泛型 KeyValuePair〈K，V〉时，将指明使用 String 和 Double 类型，分别代替 K 和 V。例如，任务 5.2 代码中有：

```
KeyValuePair<String,Double>    score= new KeyValuePair<String,Double> ()
```

上述代码中，score 对象中所有使用了 K 的类型，都将被明确为 String 类型；使用了 V 类型，都将被明确为 Double 类型。

试试看，任务 5.2 的代码

```
score.setKey("张三");
```

将参数“张三”替换一个整数(例如:5)可以吗?

五、类型指代标识符的约定

在上述例子中，我们在定义泛型类时使用 T、K、V 等单个字符来指代某种类型，实际上能使用任意合法的标识符。例如，能使用 YourType 作为参数名，但是这可能导致泛型类定义体中的代码非常烦琐。通常保持参数名越短越好，最好是单个字母。Java 中的命名约定是：使用单个字母作为类型参数名，所以当我们看到单个字符时，就知道这是类型指代，是“某种类型”，而不是具体类型。通常，T 表示这个参数是一种类型，N 表示这个参数是一个数量值，K 表示这个参数是一个键，V 表示这个类型参数是一个值。

课堂训练

创建一个链表泛型类 LinkList〈T〉，定义 Point 类，将 Point 对象存入链表进行管理。

- 链表泛型类能通过 add 方法添加元素接在链的尾部。
- 链表泛型类能通过 first 方法获得链表的首元素。
- 链表泛型类能通过 next 方法依次获得链表中的每个元素。
- 重写链表泛型类的 toString 方法，返回链表元素组成的字符串。
- 定义链表元素泛型类 LinkItem，用于存储 Point，以及用于下一个元素的引用。

任务 2 泛型接口

任务导入

线性表的元素顺序排列。线性表可以进行的操作：①将元素添加到线性表；②将元素从线性表中删除。线性表分为几种，其中比较常用的有队列和栈。队列是一组有序的元素：加入元素时，必须添加到队尾；删除元素时，必须从队首删除。栈同样是一组有序的元素：加入元素时，必须添加队首；删除元素时也必须从队首删除。

任务 5.3 请定义线性表泛型接口。定义队列泛型类继承线性表接口；定义栈泛型类继承线性表接口。

实例化队列泛型类，用于存储一队学生的姓名(String 类型)；实例化栈泛型类，用于存储一摞书籍的书名(String 类型)。

算法分析

(1)线性表接口 ILinear〈T〉必须有增加元素的方法 add(T item),以及删除元素的方法 delete()。增加元素方法的形参应为泛型类型,以支持各种类型。

(2)队列类 Queue〈T〉、堆栈类 Stack〈T〉需要实现 ILiner〈T〉泛型接口,并且队列和堆栈类需要使用泛型以支持各种类型。

(3)编写 Main 类,实例化队列泛型类时指定实参 String,该队列实例用于存储一队学生的学号;实例化栈泛型类时指定实参 String,该堆栈用于存储一摞书的书名。

(4)编写 Main 类中处理学生队列和书籍堆栈对象的方法 manipulateLinear。由于学生队列和书籍栈都指定了 String 类型参数,并且都实现了 ILinear 接口。因此,这两个对象都可抽象为 ILinea〈String〉类型的引用。

参考代码 1

```
Main.java
package cn.edu.whcvc.book.professionalJava.c5_4;
public class Main {
    public static void main(String[] args){
        Queue< String> studentQ=new Queue< String> ();
        manipulateLinear(studentQ);
        Stack< String> bookS=new Stack< String> ();
        manipulateLinear(bookS);
    }
    private  static  void manipulateLinear(ILinear< String> linear){
        linear.add("元素 1");
        linear.detele();
    }
}
```

参考代码 2

```
ILinear.java
package cn.edu.whcvc.book.professionalJava.c5_4;
public interface ILinear<T>{
    public void add(T item);
    public void detele();
}
```

参考代码 3

```
Queue.java
package cn.edu.whcvc.book.professionalJava.c5_4;
public class Queue<T>implements ILinear<T>{
    @ Override
    public void add(T item){
     System.out.println("往队列尾部添加了元素");
   }
```

```
    @ Override
    public void detele(){
      System.out.println("从队列头部删除了元素");
    }
  }
```

参考代码 4

```
Stack.java
package cn.edu.whcvc.book.professionalJava.c5_4;
public class Stack<T> implements ILinear<T> {
    @ Override
    public void add(T item){
        System.out.println("往堆栈头部添加了元素");
    }
    @ Override
    public void detele(){
        System.out.println("从堆栈头部删除了元素");
    }
}
```

知识点

一、定义泛型接口

泛型接口的定义与普通接口的定义一样，唯一的区别是，泛型接口名称后面需要加一对尖括号。尖括号中就是类型参数列表，也就意味着该接口定义时没有指定具体的类型参数，在使用接口时才会传递类型参数，从而确定指定类型参数。这也就使得泛型接口能在不同类型之间复用。例如，线性表接口的定义如下。

```
public interface ILinear<T> {
```

尖括号中包含了类型参数 T，也就意味的 ILinear 是泛型接口，它在接口方法中可以使用 T 指定任何具体的数据类型。例如，它的 add 方法如下。

```
public void add(T item);
```

上述语句使用了类型参数 T，泛指某种类型，而不是特指具体类型。

二、泛型类实现泛型接口

类可以实现泛型接口。类实现泛型接口时也可以不指定类型参数的具体类型，这时这个类也就是一个泛型类。例如，队列类 Queue 就实现了线性表接口 ILinear，同时 Queue 并没有指定类型参数的具体实参，因此 Queue 类也是一个泛型类。

```
public class Queue<T> implements ILinear<T> {
```

这也意味着我们在实例化 Queue〈T〉泛型类时，可以指定任何应用类型作为实参。在任务中，在为队列泛型类 Queue〈T〉和堆栈泛型类实例化时都要使用类 String 做为实参。

```
Queue<String>studentQ=new Queue<String>();
Stack<String>bookS=new Stack<String>();
```

三、定义泛型接口引用

在使用泛型接口引用时就需要为参数 T 来指定类型。例如，Main 类中的 manipulate Linear。

```
private  static  void manipulateLinear(ILinear<String>linear){}
```

需要使用泛型接口 ILinear 的引用，这时就必须指定类型参数 T 了，其中给出了类型实参 String。

任务3 泛型方法

任务导入

任务5.4 在任务5.3中，我们定义了线性表泛型接口 ILinear〈T〉、泛型类队列 Queue〈T〉和泛型堆栈类 Stack〈T〉。在此基础上，我们要求在 Main 类实例化 Queue〈T〉和 scoreQ，用于存储学生分数(Integer 类型)的队列。然后调用 manipulateLinear()方法继续对 studentQ、bookS 和 socreQ 进行操作。

算法分析

(1)实例化学生分数队列 scoreQ 时，需要指定数据类型实参为 Integer。

(2)scoreQ 对象实参为 Integer，显然与 studentQ 的实参 String、bookS 的实参 String 不同。

(3)我们在调用 manipulateLinear()方法时就必须指定不同类型的参数。因此 manipulateLinear()方法需要做出修改，以支持不同的数据类型，我们应将其修改为泛型方法。

参考代码1

```
Main.java
package cn.edu.whcvc.book.professionalJava.c5_5;
public class Main {
    public static void main(String[] args){
        Queue<String>studentQ=new Queue<String>();
         manipulateLinear(studentQ,"张三");//我们在调用泛型方法时指定了类型
为 String
        Stack<String>bookS=new Stack<String>();
        manipulateLinear(bookS,"Java 高级");//我们在调用泛型方法时指定了类型
为 String
        Queue<Integer>scoreQ=new Queue<Integer>();
```

```
            manipulateLinear(scoreQ,96);//我们在调用泛型方法时指定了类型为 Integer
            //调用方法的时候才指定数据类型。这是不是让我们复用了 manipulateLinear?
            //我们不再需要为具体 String 类型、Integer 类型单独写一个类似的
              manipulateLinear()方法了
            //程序具备了良好的扩展性
            //不信你试试看,如果由于需求变化,你需要再增加一个弹夹类 Stack<Bullet>,用
              于存储子弹
            //看看 manipulateLinear()方法会因这个需求变化而受到影响吗?
        }
        //泛型方法 manipulateLinear()
        private  static<T>void manipulateLinear(ILinear<T>linear,T item){
            linear.add(item);
            linear.detele();
        }
    }
```

参考代码 2

```
ILinear.java
    //与任务 5.3 代码类似, ILinear.java 包路径修改为
    package cn.edu.whcvc.book.professionalJava.c5_5;
```

参考代码 3

```
Queue.java
    //与任务 5.3 代码类似, Queue.java 包路径修改为
    package cn.edu.whcvc.book.professionalJava.c5_5;
```

参考代码 4

```
Stack.java
    //与任务 5.3 代码类似, Stack.java 包路径修改为
    package cn.edu.whcvc.book.professionalJava.c5_5;
```

知识点

一、定义泛型方法

定义泛型方法的关键点是在方法返回值类型前增加尖括号,而尖括号里的字母列表就用于指代数据类型。例如,我们在任务 5.4 中定义了泛型方法。

```
private  static<T>void manipulateLinear(ILinear<T>linear,T item)
```

其中,T 就用于指代某种数据类型。这样我们就能在方法定义中使用 T 了。在这个任务中,我们将方法的输入参数,都使用了类型指代符 T。ILinear〈T〉linear,表明方法期待输入参数为任何数据类型的 ILinear 接口;T item,表明方法期待输入任何数据类型的 item 对象。当然 linear 和 item 的数据类型 T 必须保持一致。

二、调用泛型方法

与实例化泛型类时类似，调用泛型方法时就必须为类型 T 指定具体的类型。例如，在本任务中，使用泛型方法 manipulateLinear()处理 studentQ：

```
manipulateLinear(studentQ,"张三");
```

studentQ 逻辑上是 Queue〈String〉，类型实参指定为 String。“张三”的类型显然也是具体到了 String，与 studentQ 的类型实参一致。

同样的，由于 manipulateLinear()是泛型方法，我们在 main()方法中可以调用这个方法处理弹夹堆栈。

```
manipulateLinear(scoreQ,96);
```

注意：

只需要 scoreQ 的类型实参和 96 的类型实参保持一致即可。那么它们是不是都是 Integer 类型呢？

泛型方法与泛型类的非泛型方法之间的区别有如下几点。

(1)泛型类中的方法返回值类型之前不需要加类型列表，而泛型方法必须有。

(2)泛型类在实例化时指定类型实参，而泛型方法在调用时指定类型实参。

(3)泛型类在实例化时指定实参，而静态方法不需要实例化即可调用。故泛型类的静态方法不能出现数据类型参数，而泛型方法则可以定义在静态方法上。

任务 4 常用的泛型集合类

任务导入

任务 5.5 泛型 ArrayList〈E〉。用户可在命令行中输入学生姓名，程序将用户输入的姓名存储，当用户输入−1 时结束输入。程序输出所有的学生姓名，再删除用户之前所输入的第 2 个名字，最后再输出所存储的所有名字。

算法分析

(1)数组在定义时就需要指定元素的个数。而在本任务中，用户可能输入任意多个学生姓名，显然使用数组存储会非常麻烦。

(2)实例化泛型 ArrayList〈E〉，这个对象就是一个动态数组，可以添加、删除学生姓名。

(3)实例化时应注意，应为泛型指定具体的数据类型。我们要存姓名，因此使用 String。

参考代码

```
Main.java
package cn.edu.whcvc.book.professionalJava.c5_6;
import java.util.ArrayList;
```

```
import java.util.Scanner;
public class Main {
    public static void main(String[] args){
    Scanner scanner=new Scanner(System.in);
    ArrayList<String> studentAL=new    ArrayList<String>();
    while(true){
        String inputS=scanner.nextLine();
        if("-1".equals(inputS))
            break;
        else
            studentAL.add(inputS);
    }
    System.out.println("用户输入了学生姓名");
    printArrayList(studentAL);
    if(studentAL.size()>=3){
        studentAL.remove(2);
        System.out.println("删除了输入的第三个学生");
    }
    printArrayList(studentAL);
}
/**
* @ param studentAL
*/
public static void printArrayList(ArrayList<String> studentAL){
    StringBuffer stringBuffer=new StringBuffer();
    for(int i=0;i<studentAL.size();i++){
        stringBuffer.append(studentAL.get(i));
        stringBuffer.append(" ");
    }
    System.out.println(stringBuffer.toString());
  }
}
```

知识点

实例化 ArrayList 泛型

与使用泛型类一样，我们实例化泛型 ArrayList 的时候必须指定数据类型实参，在本例中使用 String 最合适。

```
ArrayList<String> studentAL=new ArrayList<String>();
```

这样我们就可以调用 studentAL 的构造方法 add remove 进行添加和删除元素操作了。ArrayList〈E〉的重要方法见表 5.1。

表 5.1 ArrayList 的重要方法

ArrayList〈E〉的方法	描 述
Void add(E o)	在 list 的末尾添加一个元素 o
Void add(int index,E o)	在指定的 index 处插入元素 o
Void clear()	从 list 中删除所有元素
Boolean contains(Object o)	如果 list 含有元素 o,返回 true
E get(int index)	返回指定 index 处的元素
Int indexOf(Object o)	返回 list 中第一个匹配元素的 index
Boolean isEmpty()	如果 list 不含元素,返回 true
Int lastIndexOf(Object o)	返回 list 中最后一个匹配元素的 index
Boolean remove(Object o)	删除 list 中的第一个元素 o,如果元素被删除,返回 true
Boolean remove(int index)	删除指定 index 处的元素,如果元素被删除,返回 true
E set(int index,E o)	设置指定 index 处的元素为 o

任务导入

任务 5.6 泛型 ArrayList〈E〉的遍历。编写程序,实例化 ArrayList〈E〉,使用 for 循环,为其实例添加整数 1 到 50。分别使用 for 循环、Iterator 迭代器、for-each 增强型 for 循环,遍历其元素,打印出来。

算法分析

(1)ArrayList 具有 E get(int index)方法,可通过索引获得索引对应的元素。因此可以通过 for 循环,从 0 开始遍历所有索引,从而获得每个元素。

(2)首先通过 ArrayList 对象的 iterator()方法获得这个对象的迭代器 Iterator。通过 Iterator 的 hasNext()方法来判断是否还能获得 ArrayList 对象的下一个元素。通过 Iterator 的 next()方法来获得下一个元素。

(3)for-each 或者称为加强型 for 循环是迭代器的另一种表达方式,但在程序结构上更类似于 for 循环。

参考代码

```
Main.java
package cn.edu.whcvc.book.professionalJava.c5_7;
import java.util.ArrayList;
import java.util.Iterator;
import java.util.List;
public class Main {
```

```
//使用迭代器遍历
public static void testIterator(List<Integer> list){
Iterator<Integer> it=list.iterator();
        while(it.hasNext()){
            System.out.println( it.next());
        }
    }
//使用 for-each 遍历元素
public static void testForEach(List<Integer> list){
    for(Integer t :list)
        System.out.println(t);
}
//使用 for 循环变量
public static void testFor(List<Integer> list){
    for(int i=0;i<list.size();i++){
        System.out.println(list.get(i));
    }
}
public static void main(String[] args){
    List<Integer> list=new ArrayList<Integer>();
    for(int i=0;i<50;i++){
        list.add(i);
    }
    testFor(list);
    testForEach(list);
    testIterator(list);
  }
}
```

知识点

一、Iterator 迭代器

ArrayList 集合对象就好比饮料自动贩卖机。Iterator 就好比是饮料自动贩卖机中的出货装置。我们想要取一瓶饮料，需要找到贩卖机出货装置。然后我们首先需要通过出货装置判断，是否还能再出一瓶水。在程序中，我们需要调用 list. iterator()；来获得迭代器。然后调用迭代器的 hasNext()方法：it. hasNext()获得一个 boolean 返回值，来判断是否还能再出瓶水。如果能，则调用迭代器的 next()依法获得一瓶水，即 it. next()。直到迭代器 hasNext()方法为 false 时，则说明再也没有水可以供给了。

Iterator.hasNext()用于探测是否还有未遍历的元素，true为有元素，false为没有元素遍历完成。Iterator.next()获得一个未遍历的元素。

二、for-each遍历

for-each也称为加强型for循环。其本质还是使用迭代器Iterator来进行遍历。其语法格式如下。

```
    for(T t :list)
{
    //循环体
}
```

其中，list是ArrayList的实例对象；T是对象t的类型，这个类型必须与ArrayList实例化时的类型实参相匹配。例如，本例中list=ArrayList<Integer>()，list对象的类型实参为Integer。这样我们在使用for(T t :list)时，这里的T就必须使用Integer类型了。

使用for-each循环结构遍历list时，每次获得一个元素就使用t引用这个元素，然后执行{ //循环体 }。当然在循环体中，我们可以使用t来引用当前所获得的元素。例如，本例中将遍历到的当前元素打印出来：

```
System.out.println(t);
```

三、for循环索引遍历

ArrayList集合中元素的个数可以通过size()构造方法获得。例如，本例中list.size()就是list集合的元素个数。

ArrayList集合有get(int index)方法，可以通过索引index获得一个元素。与数组类似，ArrayList索引从0开始，最大为size()−1。因此我们可以使用for循环，通过索引遍历所有元素。

任务导入

任务5.7 泛型HashMap<K,T>。学生信息中包含学号、姓名、专业、性别和年龄等数据。其中，学号往往是唯一的，这意味着我们知道学号时就能找到唯一的一个学生。在很多场景下，我们需要通过学号来找到某个学生，准确地说是通过学号来找到这个学生的所有信息。请使用HashMap存储学生信息，将多个学生对象加入到HashMap中。然后再指定一个id，根据id查找学生对象。

算法分析

(1)定义一个学生类Student，用于表示一个学生的全部信息。这个类应包含学号(String)、姓名(String)、专业(String)、性别(String)、年龄(int)等成员变量。为了方便我们输出学生对象，重写toString()方法。

(2)由于我们希望按照id来查找学生，因此我们定义HashMap对象studentMap，其类型参数K为String类型，用于存储id；其参数类型T为Student类型，用于存储学生，即：

```
studentMap=new HashMap<String,Student>()
```

(3)添加学生到 HashMap。

参考代码 1

```
Student.java
package cn.edu.whcvc.book.professionalJava.c5_8;
public class Student {
    private String id;
    private String name;
    private String major;
    private String sex;
    private int age;
    public String getId(){
        return id;
    }
    public void setId(String id){
        this.id=id;
    }
    public String getName(){
        return name;
    }
    public void setName(String name){
        this.name=name;
    }
    public String getMajor(){
        return major;
    }
    public void setMajor(String major){
        this.major=major;
    }
    public String getSex(){
        return sex;
    }
    public void setSex(String sex){
        this.sex=sex;
    }
    public int getAge(){
        return age;
    }
    public void setAge(int age){
        this.age=age;
    }
    @ Override
    public String  toString(){
```

```
        return "{学号:"+id+";姓名:"+name+";专业:"+major+";性别:"+sex+";年龄:"
+age+"}";
    }
}
```

参考代码 2

```
Main.java
package cn.edu.whcvc.book.professionalJava.c5_8;
import java.util.HashMap;
public class Main {
public static void main(String[] args){
    Student s1=new Student();
    s1.setId("11100101");
    s1.setAge(18);
    s1.setMajor("Computer");
    s1.setName("张三");
    s1.setSex("男");
    Student s2=new Student();
    s2.setId("11100102");
    s2.setAge(19);
    s2.setMajor("Computer");
    s2.setName("李雷");
    Student s3=new Student();
    s3.setId("12100101");
    s3.setName("李四");
    s3.setMajor("English");
    HashMap<String,Student> studentMap=new HashMap<String,Student>();
    studentMap.put(s1.getId(),s1);
    studentMap.put(s2.getId(),s2);
    studentMap.put(s3.getId(),s3);
    Student s4=studentMap.get("12100101");
    System.out.println(s4);
    Student s5=studentMap.get("112abc");
    System.out.println(s5);
  }
}
```

知识点

一、HashMap 集合类概念

HashMap 可以存储键值对，组成集合。键在 HashMap 中用于检索，HashMap 可以通过较高的效率按键值进行检索。因此本例中，如果要使用 id 检索，把 id 作为键就是一个很好的选择。

HashMap 是一个泛型集合类 HashMap〈K，V〉，因此在实例化 HashMap 时就必须指定类型参数。其中，K 就是键的类型，V 是值的类型。在本例中，我们的键是 id，其类型是 String；值是 student，其类型是 Student 类。因此，我们实例化 studentMap 就使用 String 和 Student 作为类型参数：

```
HashMap<String,Student> studentMap=new HashMap<String,Student>();
```

二、HashMap 的基本操作

需要向 HashMap 中添加键值对，我们可以调用 HashMap 的 put(K，V)方法。例如，在本例中有：

```
studentMap.put(s1.getId(),s1);
```

将 s1 的 id 作为键，将 s1 作为值添加到 studentMap 中。

需要通过键检索值，则可调用 HashMap 的 get(V)方法。例如，在本例中，检索键(id)为 12100101 的学生，使用 studentMap. get("12100101")，其返回值就是检索到的学生对象。

三、HashMap 的重要方法

HashMap 的重要方法见表 5.2。

表 5.2　HashMap 的重要方法

HashMap〈K，V〉的方法	描　　述
V put(K key，V value)	在集合中添加一个键值对(key，value)
V get(Object key)	在集合中检索键等于 key 的值
V remove(Object key)	从集合中删除键等于 key
void clear()	清空键值对集合
boolean containsKey(Object key)	查询集合中是否包含键为 key
Set〈K〉keySet()	返回 key 组成的不重复集合
Collection〈V〉values()	返回 value 组成的集合
Set〈Entry〈K，V〉〉entrySet()	返回 key，value 组成的条目不重复集合

课堂训练

从 1930 年第一届国际足联世界杯开始，足球领域已经出现了多个世界冠军。编写一个 Java Application 程序，使用 HashMap 存储年份和该年份对应的冠军国家名。用户可在控制台输入年份，按回车后程序给出该年份的冠军国家名。用户可输入国家名，按回车后程序给出该国家获得冠军的年份。

习题5

一、选择题

1. 对于泛型以下描述正确的是(　　)。

A. 定义泛型时不指定类型,实例化时指定类型,增强了代码复用能力

B. 泛型类中的方法如果使用了参数化的类型,那这个方法就是泛型方法

C. 泛型实例化以后,还能操作任何类型的参数

D. 实现泛型接口时,必须指定类型

2. 关于ArrayList以下说法错误的是(　　)。

A. ArrayList泛型实例化时可以指定任何引用类型

B. ArrayList可通过add(int index,E o)方法添加元素,添加后元素的索引是index

C. ArryaList与数组[]类似,实例化时必须指定固定的容量大小

D. 使用迭代器Iterator可以遍历ArrayList

3. 关于HashMap以下说法错误的是(　　)。

A. HashMap中存储了键值对集合

B. HashMap可以通过键来查找对应的值

C. HashMap可通过put方法来添加键值对

D. HashMap的键和值都必须是基本数据类型

二、编程题

1. 编写程序,完成以下功能和要求:

(1)用户可在命令行中输入任意字符组成的字符串,如输入"dafdasfawerwe";

(2)用户输入字符串按回车键后,程序统计每个字符的出现次数;

(3)为方便记录并查找小写字母,应使用HashMap实现。

2. 编程实现点名神器,具体要求如下。

(1)用户可在控制台中输入1,2,3命令。

(2)在命令模式中输入1时,进入添加学生模式。此时用户可输入学生学号、姓名,按回车键后添加学生。添加成功后返回命令模式,等待用户输入1,2,3,4。

(3)在命令模式输入2时,进入点名模式。系统按学号顺序打印出姓名,以进行点名。输出姓名后,用户可点击Y或N,以表示到或者没到。点名完成后,输出实到人数、缺勤人数,并回到命令模式。

(4)在命令模式中输入3时,退出系统。

单元 6 图形用户界面设计

知识目标

(1)掌握各种容器、组件的概念和使用方法。

(2)掌握主要布局管理器的布局效果和使用方法。

(3)掌握事件处理机制和编写事件响应代码的方法。

能力目标

(1)培养设计用户友好界面的能力。

(2)培养事件响应代码设计的能力。

任务 1 使用窗口、标签等组件

任务导入

任务 6.1 编写一个 Java 程序,程序运行后显示一个窗口,窗口上显示“Hello Java Swing”。

算法分析

(1)Swing 使用 JFrame 类来描述窗口,首先要初始化 JFrame 实例,设定窗口大小。

(2)在 Swing 当中使用 JLabel 来表述标签控件时,标签控件上可以显示字符串 Hello Java Swing。

(3)将 JLabel 添加到 JFrame 的容器中,设置 JFrame 可显示。

参考代码

```
HelloSwing.java
package cn.edu.whcvc.book.professionalJava.c6_1;
import javax.swing.* ;
public class HelloSwing {
    private static void createAndShowGUI(){
```

```
        // 创建及设置窗口 title
        JFrame frame=new JFrame("Hello World Swing");
        //设置点击窗口关闭按钮时执行的操作
        frame.setDefaultCloseOperation(JFrame.EXIT_ON_CLOSE);
        //设置窗口大小
        frame.setSize(700,500);
        // 创建 "Hello Java Swing" 标签
        JLabel label=new JLabel("Hello Java Swing");
        //在窗口的 ContentPane 容器中添加 label
        frame.getContentPane().add(label);
        //显示窗口
        frame.setVisible(true);
    }
    public static void main(String[] args){
        //显示应用界面
        javax.swing.SwingUtilities.invokeLater(new Runnable(){
            public void run(){
                createAndShowGUI();
            }
        });
    }
}
```

程序运行结果如图 6.1 所示。

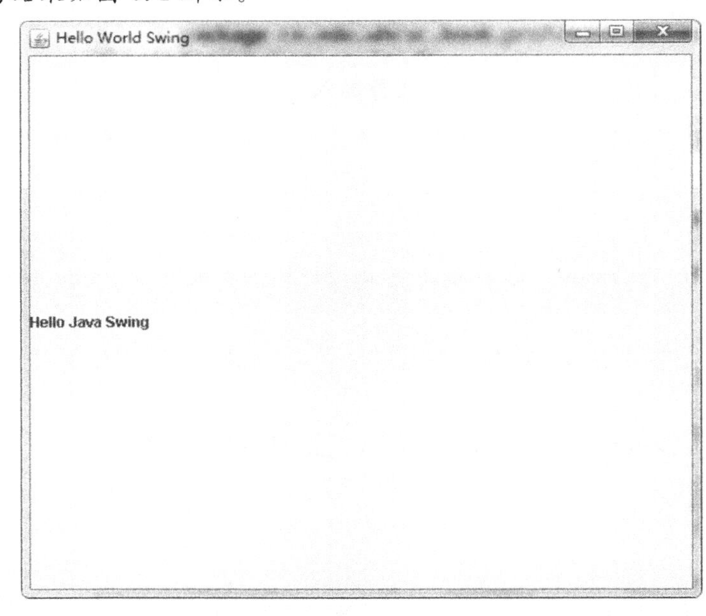

图 6.1　任务 6.1 程序运行结果

一、AWT

用户界面是计算机用户与软件之间的交互接口。一个功能完善、使用方便的用户界面可以使软件的操作更加简单,使用户与程序之间的交互更加有效。因此图形用户界面(graphics user interface,GUI)的设计和开发已经成为软件开发中的一项重要的工作。

Java 语言提供的开发图形用户界面(GUI)的功能包括 AWT(abstract window toolkit)和 Swing 两个部分。这两部分功能由 Java 的两个包来完成——awt 和 swing。虽然这两个包都是用于图形用户界面的开发,但是它们不是同时被开发出来的。

awt 包是最早被开发出来的,但是使用 awt 包开发出来的图形用户界面并不完美,在使用上非常的不灵活。例如,awt 包所包含的组件,其外观是固定的,无法改变,这就使得开发出来的界面非常死板。这种设计是站在操作系统的角度开发图形用户界面,主要考虑的是程序与操作系统的兼容性。这样做的最大问题就是灵活性差,而且程序在运行时还会消耗很多的系统资源。

由于 awt 包的不足,Sun 公司于 1998 年针对它存在的问题,对其进行了扩展,开发出了 Swing,即 swing 包。但是,Sun 公司并没有让 swing 包完成替代 awt 包,而是让这两个包共同存在,互取所需。awt 包虽然存在缺点,但是仍然有可用之处,比如在图形用户界面中用到的布局管理器、事件处理等依然采用的是 awt 包的内容。

Java 有两个主要类库分别是 Java 包和 Javax 包。在 Java 包中存放的是 Java 语言的核心包。Javax 包是 Sun 公司提供的一个扩展包,它是对原 Java 包的一些优化处理。

swing 包由于是对 awt 包的扩展和优化,所以是存放在 Javax 包下的,而 awt 包是存放在 Java 包下的。虽然 swing 是扩展包,但是现在的图形用户界面基本都是基于 swing 包开发的。

swing 包的组件大部分是采用纯 Java 语言进行开发的,这就大大增加了组件的可操作性,尤其是组件的外观。通常情况下,只要通过改变所传递的参数的值,就可以改变组件的外观。而且 swing 包还提供 Look and Feel 功能,通过此功能可以动态改变外观。swing 包中也有一些组件不是用纯 Java 语言编写的,这些组件一般用于直接与操作系统进行交互。

二、JFrame 窗口简介

Swing 是基于窗口的图形化界面。我们常见的 PC 端桌面应用程序的基本形态就是一个窗口。例如,我们打开 Eclipse 后就会看到如图 6.2 所示的窗口。

Swing 中的 JFrame 组件,就是用于定义和实现窗口的。准确来说,JFrame 窗口是一个容器,我们在窗口上看到的各种组件,如按钮、标签、输入框、列表等,都会被添加到 JFrame 窗口中,进行布局和显示并实现交互。因此,我们编写程序的第一步便是实例化 JFrame 窗口,其语法格式如下。程序运行结果如图 6.3 所示。

```
JFrame frame=new JFrame("Hello World Swing");
```

JFrame 的构造方法有一个 String 类型的参数,这个参数将被作为窗口的 title 显示。

```java
package cn.edu.whcvc.book.professionalJava.c6_1;
import javax.swing.*;
public class HelloSwing {

    private static void createAndShowGUI() {

        // 创建及设置窗口title
        JFrame frame = new JFrame("Hello World Swing");
        //设置点击窗口关闭按钮时执行的操作
        frame.setDefaultCloseOperation(JFrame.EXIT_ON_CLOSE);
        //设置窗口大小
        frame.setSize(500, 500);
        // 创建"Hello Java Swing" 标签
        JLabel label = new JLabel("Hello Java Swing");
        //在窗口的ContentPane容器中添加label
        frame.getContentPane().add(label);
        // 显示窗口
```

图 6.2 Eclipse 运行界面

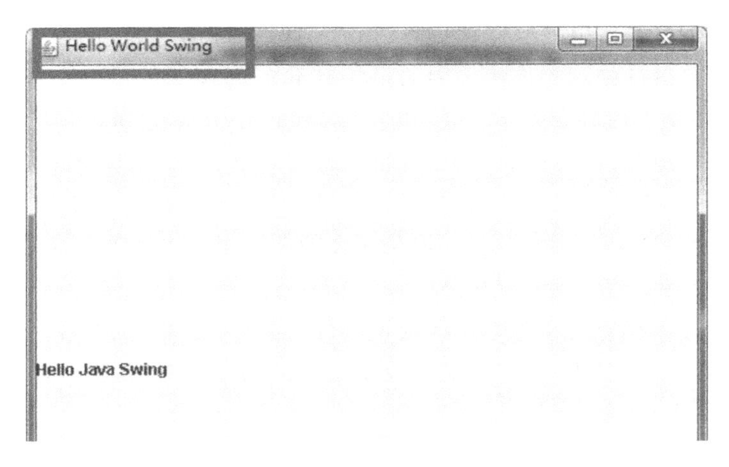

图 6.3 实例化 JFrame 窗口

JFrame 具有构造方法 setSize(int,int),可以设置窗口的大小。其中的两个参数 int 分别是窗口在屏幕上的宽度和高度,单位是像素。例如,本任务示例代码中,我们使用"frame.setSize(700,500);"语句设置了一个宽 700 像素、高 500 像素的窗口。

JFrame 有 setDefaultCloseOperation(int)方法,可以设置在用户关闭窗口时程序进行的操作。常用的窗口关闭操作有四种,分别为 DO_NOTHING_ON_CLOSE、DISPOSE_ON_CLOSE、HIDE_ON_CLOSE 和 EXIT_ON_CLOSE。第一种操作表示什么也不做就将窗口关闭;第二种操作表示任何注册监听程序对象后会自动隐藏并释放窗口;第三种操作表示隐藏窗口;第四种操作表示关闭窗口,退出应用程序。

在 JFrame 对象创建完成后,需要调用 getContentPane()方法获得窗口容器,这个容器是 Container 类型。然后在容器中添加组件或设置布局管理器，通常这个容器用来包含和显示组件。如果需要将组件添加至容器，可以使用来自 Container 类的 add()方法进行设置。

调用 JFrame 的 setVisible(boolean)方法，就可以将窗口设置为显示状态。例如，任务 6.1 中使用如下语句显示窗口：

```
frame.setVisible(true);
```

三、JLable 标签

JLabel 标签组件主要用于显示文本、图像，可以设置垂直和水平对齐方式。默认情况下，只显示文本的标签是开始边对齐，只显示图像的标签则是水平居中对齐。使用容器 Container 的 add()方法可将其添加到某个容器中。例如，在任务 6.1 中，我们通过 JFrame.getContentPane()获得窗口的容器，再将 JLable 添加到窗口容器中。这样当窗口显示时，标签也就显示出来了。例如，在任务 6.1 中首先实例化标签，并指定了"Hello Java Swing"作为标签中的文本显示。

```
JLabel label=new JLabel("Hello Java Swing");
```

之后通过窗口"frame.getContentPane().add(label);"将标签添加到窗口容器中，随窗口一起显示。

JLabel 标签的使用比较简单，表 6.1 中列出了其主要方法。

表 6.1　JLabel 的主要方法

JLabel 中的方法名	描　述
JLabel()	构造方法，创建无图像并且其标题为空字符串的 JLabel
JLabel(Icon image)	构造方法，创建具有指定图像的 JLabel 实例
JLabel(Icon image, int horizontalAlignment)	构造方法，创建具有指定图像和水平对齐方式的 JLabel 实例
JLabel(String text)	构造方法，创建具有指定文本的 JLabel 实例
JLabel(String text, int horizontalAlignment)	构造方法，创建具有指定文本和水平对齐方式的 JLabel 实例
JLabel(String text, Icon icon, int horizontal Alignment)	构造方法，创建具有指定文本、图像和水平对齐方式的 JLabel 实例
getIcon()	获得标签的图标
setIcon(Icon icon)	为标签指定图标
getText()	获得标签文本
setText(String text)	设置标签文本
getHorizontalAlignment()	获得文本或图标的水平对齐方式
setHorizontalAlignment(int alignment)	设置文本或图标的水平对齐方法。其中的参数 alignment 可取 SwingConstants 的几个常数值，包括 SwingConstants.LEFT，SwingConstants.CENTER（lable 中只有图标时的默认值），SwingConstants.RIGHT，SwingConstants.LEADING（lable 中只有文本时的默认值）或者 SwingConstants.TRAILING

续表

JLable 中的方法名	描述
getVerticalAlignment()	获得垂直对齐方法
setVerticalAlignment(int alignment)	设置垂直对齐方法。其中的参数可以取以下值：SwingConstants. TOP，SwingConstants. CENTER（默认值），SwingConstants. BOTTOM
getHorizontalTextPosition()	当标签既含有图标又含有文本时，获得文本相对于图标在水平方向的位置
setHorizontalTextPosition(int textPosition)	指定文本相对于图标在水平方向的位置。其中的参数可以取以下值：SwingConstants. LEFT，SwingConstants. CENTER，SwingConstants. RIGHT，SwingConstants. LEADING，SwingConstants. TRAILING(默认值)
getVerticalTextPosition	当标签既含有图标又含有文本时，获得文本相对于图标在垂直方向的位置
setVerticalTextPosition(int textPosition)设置标签的文本相对其图像的垂直位置。	指定文本相对于图标的位置。其中的参数可以取以下值：SwingConstants. TOP，SwingConstants. CENTER（默认值），SwingConstants. BOTTOM

四、Swing 组件体系

Swing 为我们提供了 JFrame、JDialog 和 JWindow 三大窗口。这是 Swing 程序的顶层容器，所有中间容器和其他组件都需要添加到顶层容器中。其中，JFrame 用于创建应用程序，JDialog 用于创建应程序中的某个独立对话框。

Swing 还包含一些中间容器，例如：JPanel、JScrollPane、JSplitPane、JTabbedPane、JInternalFrame、Box 等，这些容器提供将有关组件按照某种布局组合在一起，然后放入中间容器或顶层容器的功能。

JPanel 提供一个面板容器，用于添加其他组件，并进行统一管理和布局。

- JScrollPane 是具有滚动条的窗格。
- JSplitPane 是具有拆分功能的窗格。
- JTabbedPane 是带有若干标签的分类窗格。

Swing 提供了功能丰富的交互组件。这些组件可完成与用户的界面交互功能。例如：JLabel 可展示文字、图片；JButton 是可点击按钮，用户可进行点击操作；JList 是一个可展示一组数据的列表；JCheckBox 可提供多选选项；JMenu 系列组件提供了菜单栏、菜单、菜单项等组件。

图 6.4 清晰地说明了 Swing 的组件和继承关系，大家应了解这些组件，当在用到时可到 Java 官方文档网站进行查询学习，其网址为：https://docs.oracle.com/en/java/javase/12/docs/api/index.html。

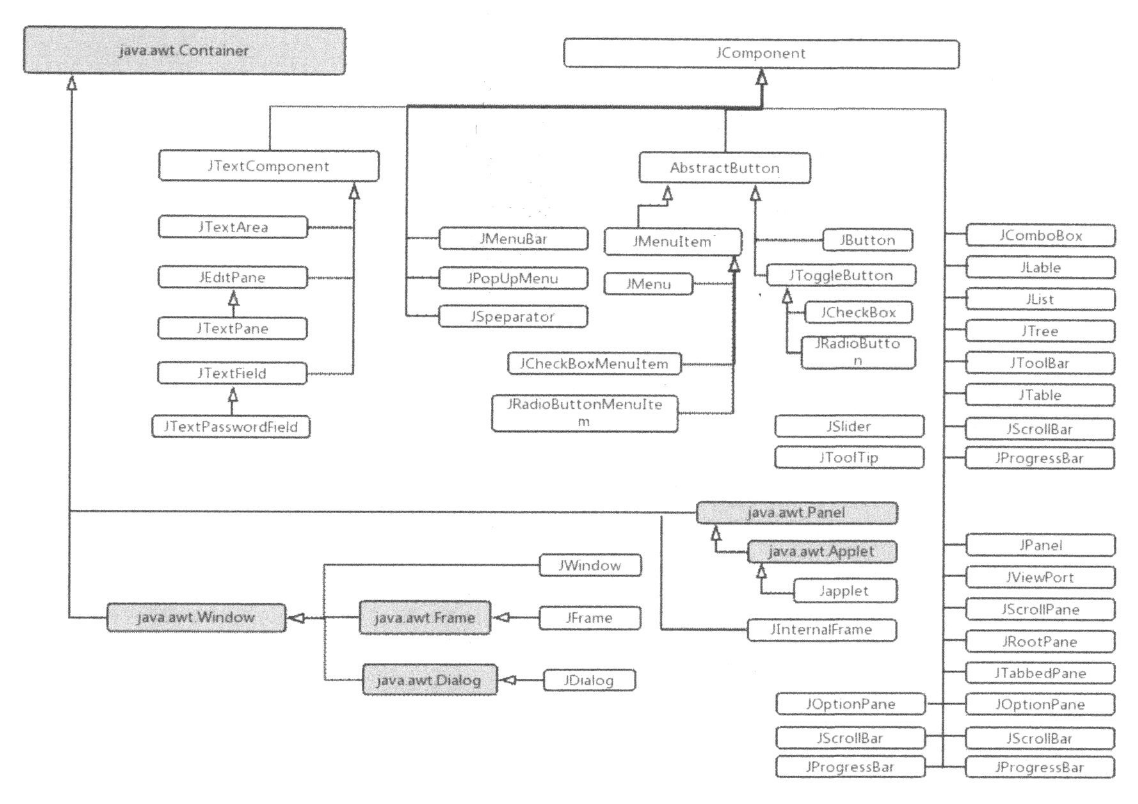

图 6.4 Swing 组件体系

任务 2 使用边界布局管理布置容器内的组件

任务导入

任务 6.2 使用边界布局方式排列按钮。使用边界布局(BorderLayout)排列五个按钮,拖动改变窗口大小,看看窗口变化时,五个组件大小和位置如何变化。

算法分析

(1)在 JFrame 中添加五个按钮,五个按钮分别显示文字 A、B、C、D、E,添加顺序为 A、B、C、D、E。

(2)为 JFrame 窗口指定边界布局方式,观察运行程序时五个按钮如何排列,改变窗口大小时按钮如何变化。

参考代码

```
BorderLayoutExample.java
package cn.edu.whcvc.book.professionalJava.c6_2;
import java.awt.BorderLayout;
import javax.swing.JButton;
```

```
import javax.swing.JFrame;
public class BorderLayoutExample extends JFrame{
  JButton btn1=new JButton("A");
  JButton btn2=new JButton("B");
  JButton btn3=new JButton("C");
  JButton btn4=new JButton("D");
  JButton btn5=new JButton("E");
  BorderLayoutExample(){
    init();
    this.setTitle("边界布局");
    this.setResizable(true);
    this.setSize(600,400);
    this.setLocationRelativeTo(null);
    this.setDefaultCloseOperation(EXIT_ON_CLOSE);
    this.setVisible(true);
  }
  void init(){
    this.setLayout(new BorderLayout(10,5));//水平间距 10,垂直间距 5
    this.add(btn1,BorderLayout.EAST);
    this.add(btn2,BorderLayout.SOUTH);
    this.add(btn3,BorderLayout.WEST);
    this.add(btn4,BorderLayout.NORTH);
    this.add(btn5,BorderLayout.CENTER);
  }
  public static void main(String args[]){
    new BorderLayoutExample();
  }
}
```

知识点

一、布局管理器的概念

之前我们介绍了容器的概念，其中 JFrame 是 Java Swing 程序的顶层容器，JPanel 是中间容器，容器中可以放置其他容器或者组件。放置组件时，我们常常需要设置其相对容器的位置，组件的位置一般需要设置其相对于容器的位置，而布局管理器就是用于设置组件相对于容器中位置的布局工具。

布局管理器的基类是 LayoutManager。JFrame 和 JPanel 都有 setsetLayout (LayoutManager manager)方法。通过这个方法，并给定 LayoutManager 参数，容器就将使

用 LayoutManager 指定的布局管理器进行布局管理。Java Swing 已经为我们提供了多个布局管理器。其中比较常用的有：边界布局(BorderLayout)、流式布局(FlowLayout)、网格布局(GridLayout)、盒子布局(BoxLayout)和空布局(null)。

二、边界布局介绍

边界布局管理器 BorderLayout 类，能够将容器内的组件设置在容器的东西南北中五个相对位置。其中：设置为东，就是将组件右边紧贴容器右边放置；设置为西，就是将组件左边紧贴容器左边放置；设置为南，就是将组件下边紧贴容器下边放置；设置为北，则是将组件上边紧贴容器上边放置；设置为中，是将组件完全填满容器的剩余空间。布局方式如图 6.5 所示。

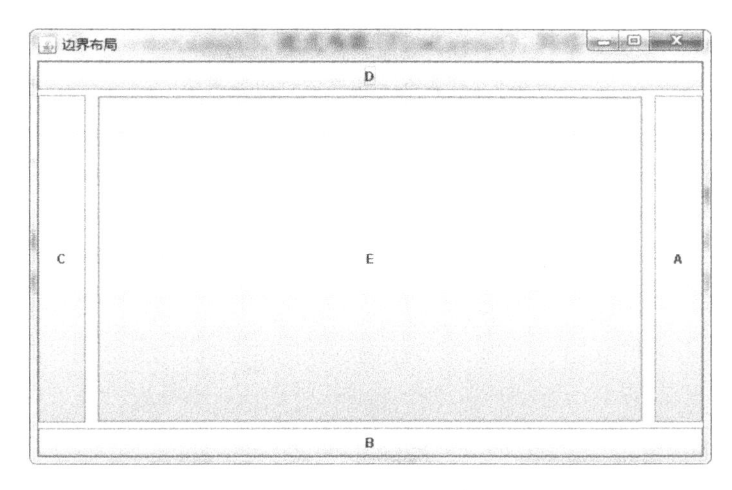

图 6.5　边界布局示意图

在使用边界数据时，首先实例化 BorderLayout（边界布局），其语句为“new BorderLayout(10,5)”，调用容器对象的 setsetLayout 方法为容器指定使用边界布局管理。例如，在任务 6.2 边界布局示例代码中，使用以下代码完成边界布局对象的实例化，并设置给 JFrame 容器。

```
this.setLayout(new BorderLayout(10,5));
```

其中，BorderLayout(10,5)的两个整数参数分别标明了组件之间的水平间距和垂直间距，单位是像素。

然后在向容器中添加组件时，同时指定一个参数，用于指定该组件在容器中的方位。例如，本任务的边界布局示例代码中，“this. add(btn1,BorderLayout. EAST);”组件 btn1 加入 JFrame 容器时，指定了 BorderLayout. EAST 这个常数。这样 btn1 也即“A”显示在了窗口的右侧。

任务 6.2 使用边界布局，程序初始时，四个组件各占四边，组件 E 填充中心剩余空间，如图 6.6 所示。当窗口水平变宽时，上边下边的按钮水平变宽，左右两边的按钮大小不变，中间的按钮水平变宽。当窗口垂直变高时，上边下边的按钮高度不变，左右两边的按钮高度变高，中间按钮的高度变高。任务 6.2 中窗口变大后的效果图如图 6.7 所示。

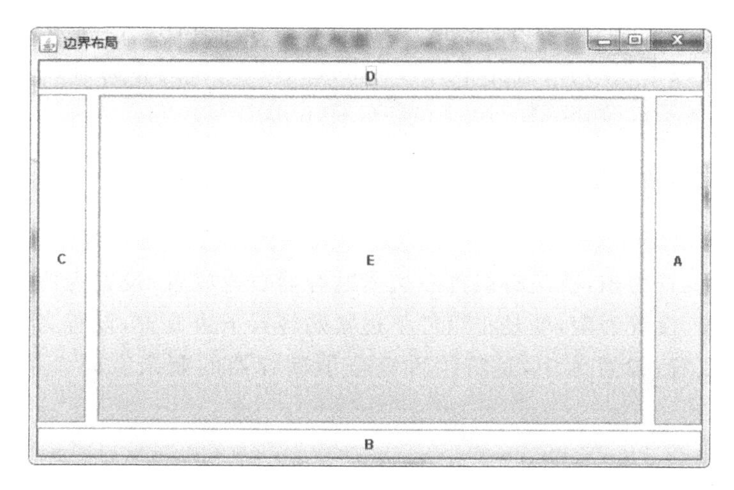

图 6.6　任务 6.2 初始运行时效果图

图 6.7　任务 6.2 窗口变大后效果图

任务 3　使用其他布局方式

任务导入

任务 6.3　使用流式布局。使用流式布局(FlowLayout)排列五个按钮，拖动改变窗口大小，观察当窗口变化时，五个组件的大小和位置如何变化。

算法分析

(1)在 JFrame 中添加五个按钮，五个按钮分别显示文字 A、B、C、D、E，添加顺序为 A、B、C、D、E。

(2)实例化一个 FlowLayout 对象，并将其设置给 JFrame。

(3)为 JFrame 窗口指定流式布局方式，观察运行程序后五个按钮如何排列，改变窗口大小后按钮如何变化。

参考代码

```
FlowLayoutExample.java
package cn.edu.whcvc.book.professionalJava.c6_2;
import java.awt.FlowLayout;
import javax.swing.JButton;
import javax.swing.JFrame;
public class FlowLayoutExample extends JFrame{
  JButton btn1=new JButton("A");
  JButton btn2=new JButton("B");
  JButton btn3=new JButton("C");
  JButton btn4=new JButton("D");
  JButton btn5=new JButton("E");
  FlowLayoutExample(){
    init();
    this.setTitle("流式布局");
    this.setResizable(true);
    this.setSize(200,200);
    this.setLocationRelativeTo(null);
    this.setDefaultCloseOperation(EXIT_ON_CLOSE);
    this.setVisible(true);
  }
  void init(){
    this.setLayout(new FlowLayout(FlowLayout.LEFT,10,5));
    //默认为居中;水平间距 10,垂直间距 5
    this.add(btn1);
    this.add(btn2);
    this.add(btn3);
    this.add(btn4);
    this.add(btn5);
  }
  public static void main(String args[]){
    new FlowLayoutExample();
  }
}
```

任务 6.4 使用表格布局方式排列按钮。使用表格(GridLayout)排列五个按钮,拖动改变窗口大小,观察当窗口变化时,五个组件的大小和位置如何变化。

算法分析

(1)在 JFrame 中添加五个按钮,五个按钮分别显示文字 A、B、C、D、E,添加顺序为 A、B、C、D、E。

(2)为 JFrame 窗口指定表格布局方式,观察运行程序后五个按钮如何排列,改变窗口大小后按钮如何变化。

参考代码

```
GridLayoutExample.java
package cn.edu.whcvc.book.professionalJava.c6_2;
import java.awt.GridLayout;
import javax.swing.JButton;
import javax.swing.JFrame;
public class GridLayoutExample extends JFrame{
    JButton btn1=new JButton("A");
    JButton btn2=new JButton("B");
    JButton btn3=new JButton("C");
    JButton btn4=new JButton("D");
    JButton btn5=new JButton("E");
    GridLayoutExample(){
        init();
        this.setTitle("表格布局");
        this.setResizable(true);
        this.setSize(300,200);
        this.setLocationRelativeTo(null);
        this.setDefaultCloseOperation(EXIT_ON_CLOSE);
        this.setVisible(true);
    }
    void init(){
        this.setLayout(new GridLayout(2,3,10,5));
        //默认为1行,n列;2行3列,水平间距10,垂直间距5
        this.add(btn1);
        this.add(btn2);
        this.add(btn3);
        this.add(btn4);
        this.add(btn5);
    }
    public static void main(String args[]){
        new GridLayoutExample();
    }
}
```

任务6.5 使用盒子布局方式排列按钮。使用盒子布局(BoxLayout)排列五个按钮,拖动改变窗口大小,观察当窗口变化时,五个组件的大小和位置如何变化。

算法分析

(1)在JFrame中添加五个按钮,五个按钮分别显示文字A、B、C、D、E,添加顺序为A、B、C、D、E。

(2)为JFrame窗口指定盒子布局方式,观察运行程序后五个按钮如何排列,改变窗口大小后按钮如何变化。

参考代码

```
BoxLaYoutExample.java
package cn.edu.whcvc.book.professionalJava.c6_2;
import javax.swing.Box;
import javax.swing.BoxLayout;
import javax.swing.JButton;
import javax.swing.JFrame;
public class BoxLaYoutExample extends JFrame{
    JButton btn1=new JButton("A");
    JButton btn2=new JButton("B");
    JButton btn3=new JButton("C");
    JButton btn4=new JButton("D");
    JButton btn5=new JButton("E");
    BoxLaYoutExample(){
        init();
        this.setTitle("表格布局");
        this.setResizable(true);
        this.setSize(300,200);
        this.setLocationRelativeTo(null);
        this.setDefaultCloseOperation(EXIT_ON_CLOSE);
        this.setVisible(true);
    }
    void init(){
        //使用 BoxLayout.YAXIS 参数时,按钮独占一行,纵向排列
      this.setLayout(new BoxLayout(this.getContentPane(),BoxLayout.Y_AXIS));
//使用 BoxLayout.YAXIS 参数时,按钮独占一列,横向排列
       // this.setLayout(new BoxLayout(this.getContentPane(),BoxLayout.X_
AXIS));
        this.add(btn1);
        this.add(btn2);
        this.getContentPane().add(Box.createHorizontalStrut(10));
        //采用 x 布局时,添加固定宽度组件隔开
        //this.getContentPane().add(Box.createVerticalStrut(5));
        //采用 y 布局时,添加固定高度组件隔开
        this.add(btn3);
        this.add(btn4);
        this.add(btn5);
    }
    public static void main(String args[]){
        new BoxLaYoutExample();
    }
}
```

任务 6.6 使用空布局方式排列按钮。使用空布局排列五个按钮，设置五个按钮的位置，拖动改变窗口大小，观察当窗口变化时，五个组件的大小和位置如何变化。

算法分析

(1)在 JFrame 中添加五个按钮，五个按钮分别显示文字 A、B、C、D、E，添加顺序为 A、B、C、D、E。

(2)为 JFrame 指定空布局，并分别设置五个按钮的 x 坐标、y 坐标、长、宽，观察运行程序后五个按钮如何排列，改变窗口大小后按钮如何变化。

参考代码

```
NullLayoutExample.java
package cn.edu.whcvc.book.professionalJava.c6_2;
import javax.swing.JButton;
import javax.swing.JFrame;
public class NullLayoutExample extends JFrame{
    JButton btn1=new JButton("one");
    JButton btn2=new JButton("two");
    JButton btn3=new JButton("three");
    JButton btn4=new JButton("four");
    JButton btn5=new JButton("five");
    NullLayoutExample(){
        initComponent();
        this.setTitle("空布局");
        this.setResizable(true);
      //设置 JFrame 的 Resizable 属性，为 true 时用户可改变窗口大小，否则无法改变
        this.setSize(300,300);
        this.setLocationRelativeTo(null);
      //设置 JFrame 窗口相对于方法参数所表示的组件的位置
        //如果参数为 Null 则将 JFrame 设置在屏幕中心
        this.setDefaultCloseOperation(EXIT_ON_CLOSE);
        this.setVisible(true);
    }
    void initComponent(){
        this.setLayout(null);
        btn1.setBounds(10,0,100,50);//x 坐标 10,y 坐标 0,组件宽 100,高 50
        btn2.setBounds(20,50,100,50);
        btn3.setBounds(30,100,100,50);
        btn4.setBounds(40,150,100,50);
        btn5.setBounds(50,200,100,50);
        this.add(btn1);
        this.add(btn2);
        this.add(btn3);
```

```
            this.add(btn4);
            this.add(btn5);
        }
        public static void main(String args[]){
            new NullLayoutExample();
        }
    }
```

知识点

一、使用流式布局

使用 FlowLayout 的实例化方法 FlowLayout(int align,int hgap,int vgap),实例化流式布局对象。其中:第一个参数 align 为容器的对齐方式;hgap、vgap 分别为组件之间的水平间隔和垂直间隔。例如,在本例中,将容器对齐方式定义为左对齐,组件水平间隔 10,垂直间隔 5。

```
new FlowLayout(FlowLayout.LEFT,10,5)
```

再调用容器的 setLayout(LayoutManager manager)方法,将实例化的流布局对象设置给容器。在任务 6.3 中,调用了 JFrame 的 setLayout 方法,为其设置了流式布局管理器。

```
this.setLayout(new FlowLayout(FlowLayout.CENTER,10,5))
```

任务 6.3 流式布局的最终显示效果如图 6.8 和图 6.9 所示。

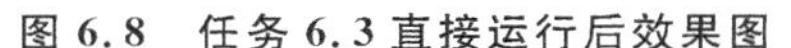

图 6.8 任务 6.3 直接运行后效果图

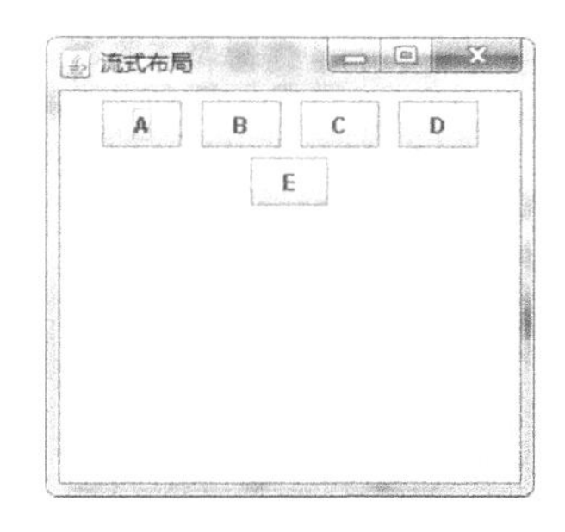

图 6.9 任务 6.3 窗口变大之后效果图

二、使用表格布局

表格布局管理器 GridLayout 可将容器划分为 n×m 的表格。添加的组件将被分别布置在一个单元格中。

首先实例化使用实例化方法 GridLayout(int rows,int cols,int hgap,int vgap),实例化流式布局管理器。其中,rows 表示行数,cols 表示列数,hgap 为水平间距,vgap 为垂直间距。

之后调用容器的 setLayout(LayoutManager manager)方法,指定容器的布局管理器。例如,在任务 6.4 中,我们使用下面的语句将 JFrame 的布局方式设置为流式布局管理器。

```
this.setLayout(new GridLayout(2,3,10,5));
```

这个流式布局管理设置为2行3列,水平间距10像素,垂直间距5像素。

三、使用盒子布局

如果希望容器中的每个组件纵向排列(独占一行)或者横向排列(独占一列),那么我们就应该使用盒子布局(也称之为箱式布局)。

首先使用盒子布局管理器的构造方法"BoxLayout(Container target,int axis)",初始化盒子布局管理器。其中:target参数为需要进行盒子布局的容器;Axis为盒子布局所采用的模式,其取值为BoxLayout.X_AXIS,BoxLayout.Y_AXIS两个预定义的常数。当参数取值为X_AXIS,则采用组件横向排列,独占一行的模式,如图6.10所示;取值为Y_AXIS,则为纵向排列,独占一列的模式,如图6.11所示。

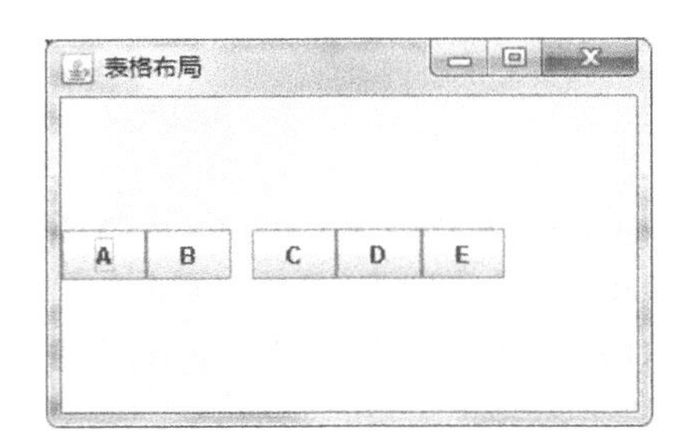

图6.10 BoxLayout.X_AXIS横向排列

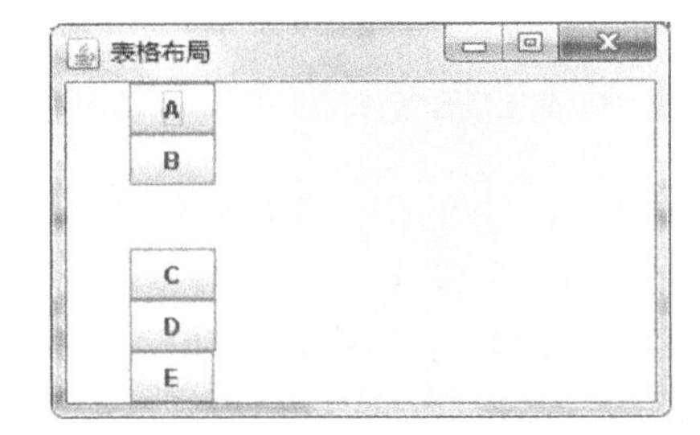

图6.11 BoxLayout.Y_AXIS纵向排列

然后将盒子布局管理器对象设置给容器。例如,任务6.5中:

```
this.setLayout(new BoxLayout(this.getContentPane(),BoxLayout.Y_AXIS));
```

四、使用空布局

空布局,也称为绝对布局。我们调用容器的setLayout(null)方法,参数为null,则可为容器指定空布局。指定了空布局后,调用组件的setBounds()方法,指定组件的左上角坐标,以及宽和高。添加组件到容器后,组件将按指定的左上角坐标、宽、高进行布局。当然,这里的左上角坐标是指组件相对于容器的位置。在任务6.6中,我们使用了空布局,并指定了组件的左上角坐标、宽、高。

```
this.setLayout(null);
btn1.setBounds(10,0,100,50);//x坐标10,y坐标0,组件宽100,高50
btn2.setBounds(20,50,100,50);
btn3.setBounds(30,100,100,50);
btn4.setBounds(40,150,100,50);
btn5.setBounds(50,200,100,50);
```

课堂训练

编写一个Swing应用程序,实现登录界面。界面上包括用户名标签、用户名输入框、服务器标签、服务器输入框和确定按钮。要求采用合理美观的布局方式实现。

任务 4　常用的 Swing 容器和组件

任务导入

任务 6.7　使用 JPanel。在 JFrame 中添加两个 JPanel 组件：panelNav 和 panelMain。将 PanelNav 设置在窗口左边，将 panelMain 设置在窗口中间。要求左侧 panelNav 宽度固定，而中间 panelMain 宽度填充满剩余部分。panelNav 背景色设置为绿色，在 panelNav 中添加四个 JLabel 标签，每个标签纵向排列独占一行。panelMain 使用表格布局，2 行 2 列。在 panelMain 中添加四个按钮。

算法分析

(1)在 JFrame 中的布局方式应使用边界布局，panelNav 添加在左边，panel 添加到中间。

(2)当容器使用边界布局时，要控制内部组件的大小，应使用组件的 setPreferredSize(Dimension preferredSize)方法，设置最佳大小。使用 setBackground(Color bg)方法，设置颜色。

(3)panelNav 使用盒子布局模式，panelMain 使用表格布局模式。

参考代码

```
JPanelExample.java
package cn.edu.whcvc.book.professionalJava.c6_7;
import java.awt.BorderLayout;
import java.awt.Color;
import java.awt.Container;
import java.awt.Dimension;
import java.awt.GridLayout;
import javax.swing.BoxLayout;
import javax.swing.JButton;
import javax.swing.JFrame;
import javax.swing.JLabel;
import javax.swing.JPanel;
public class JPanelExample {
public static void main(String[] args){
    JFrame frame=new JFrame("使用 Jpanel");
    // 设置点击窗口关闭按钮时执行的操作
    frame.setDefaultCloseOperation(JFrame.EXIT_ON_CLOSE);
    // 设置窗口大小
    frame.setSize(700,500);
    // 在窗口的 ContentPane 容器中添加 label
     Container mainContainer = frame. getContentPane ( );        mainContainer.
setLayout(new BorderLayout());     JPanel panelNav=new JPanel();
    // panelNav.setBounds(0,0,150,200);
    // 如果将 JPanel 加入一个边界布局的容器中，调用 setBounds 设置 Panel 的位置，是不
会起作用的
```

```
        panelNav.setPreferredSize(new Dimension(150,0));
        //把 JPanel 加入边界布局容器,调用 setPreferredSize 可以设置 panel 的最佳大小
        panelNav.setBackground(Color.GREEN);
        panelNav.setLayout(new BoxLayout(panelNav,BoxLayout.Y_AXIS));
        JLabel labelLeft1=new JLabel("label1");
        JLabel labelLeft2=new JLabel("label2");
        JLabel labelLeft3=new JLabel("label3");
        JLabel labelLeft4=new JLabel("label4");
        panelNav.add(labelLeft1);
        panelNav.add(labelLeft2);
        panelNav.add(labelLeft3);
        panelNav.add(labelLeft4);
        mainContainer.add(panelNav,BorderLayout.WEST);
        JPanel panelMain=new JPanel();
        panelMain.setLayout(new GridLayout(2,2,10,10));
        JButton buttonRight1=new JButton("button1");
        JButton buttonRight2=new JButton("button2");
        JButton buttonRight3=new JButton("button3");
        JButton buttonRight4=new JButton("button4");
        panelMain.add(buttonRight1);
        panelMain.add(buttonRight2);
        panelMain.add(buttonRight3);
        panelMain.add(buttonRight4);
        mainContainer.add(panelMain,BorderLayout.CENTER);
        // 显示窗口
        frame.setVisible(true);
    }
}
```

程序运行结果如图 6.12 所示。

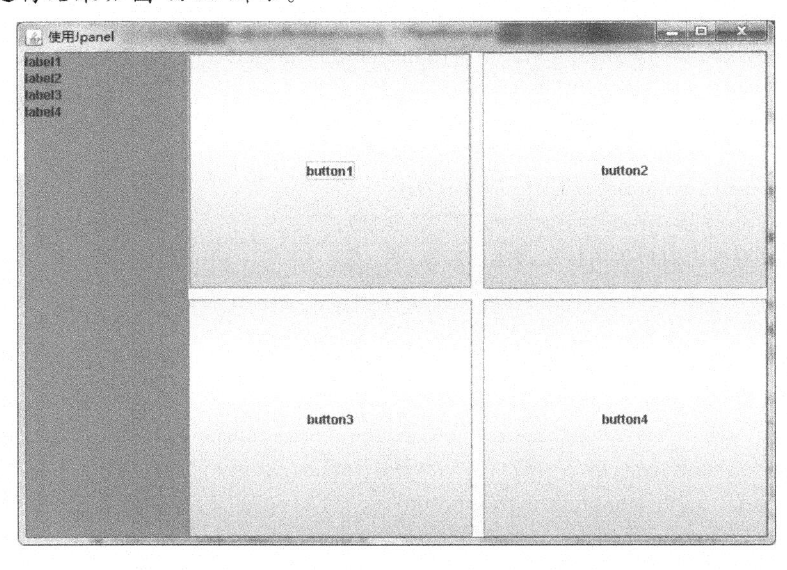

图 6.12　任务 6.7 运行效果图

知识点

JPanel 在 Java Swing 中被称为中间容器。顾名思义,它可被添加在顶层容器中,如 JFrame,也可在 JPanel 中添加子组件。JPanel 的主要作用已经在任务 6.7 中体现出来了。它可以用来对一个 UI 进行分块分组管理。每个块内部使用不同的布局方式,甚至设置不同的颜色背景。

JPanel 作为容器也有 add(Component comp)方法。通过此方法可将组件 comp 添加到 panel 中。

与 JFrame 类似,JPanel 也可以调用 setLayout(LayoutManager mgr)方法设置 Panel 的布局管理器。在任务 6.7 中,我们对 panelNav 设置了盒子模式,其语句为"panelNav. setLayout(new BoxLayout(panelNav,BoxLayout. Y_AXIS));"这时的 panelNav 中的组件采用纵向排列独占一行的布局模式。我们对 panelMain 设置了表格布局,其语句为"panelMain. setLayout(new GridLayout(2,2,10,10));"这样添加到其中的 button 将各占一个单元格。

JPanel 作为组件可以使用 setBackground(Color bg)来设置背景色。

注意:

Java 已经在 Color 类中包含了主要颜色的静态常数变量。例如,Color. GREEN 就是一个 color 对象,表示绿色。

这里重点要强调的是 setPreferredSize(Dimension preferredSize)与 setBounds(int x,int y,int width,int height)方法。两个方法都可以设置 panel 的大小,但 setBounds 方法一般配合父容器为空布局时使用。这个方法在容器使用边界布局时不起作用。而 setPreferredSize 方法则可在边界布局时影响 panel 大小的设定。

任务导入

任务 6.8 使用其他常用组件。

- 在窗口上显示一个文本框,初始时,文本框内容为"hello swing"。
- 在窗口上显示一组单选按钮。选项包括:A. 满意;B. 不满意。初始时选择"不满意"选项。
- 在窗口上显示一组多选按钮。包括:1. 麻婆豆腐;2. 糖醋里脊;3. 清蒸鲈鱼;4. 酱香排骨。初始时选择"糖醋里脊"和"酱香排骨"。
- 在窗口上显示一个下拉列表。选项包括"北京""上海""广州""深圳",初始时选择"上海"。

算法分析

(1)文本输入框可使用 JTextField 组件。

(2)单选按钮使用 JRadioButton 组件。

(3)多选按钮使用 JCheckBox 组件。

(4)下拉列表使用 JComboBox 组件。

(5)将四个组件分别放置在四个 Panel 中,并在 Panel 的标题中表明 Panel 区域的功能。

参考代码

```
ComponentExample.java
package cn.edu.whcvc.book.professionalJava.c6_8;
import java.awt.Color;
import java.awt.Container;
import java.awt.Font;
import javax.swing.BorderFactory;
import javax.swing.BoxLayout;
import javax.swing.ButtonGroup;
import javax.swing.JCheckBox;
import javax.swing.JComboBox;
import javax.swing.JFrame;
import javax.swing.JPanel;
import javax.swing.JRadioButton;
import javax.swing.JTextField;
public class ComponentExample extends JFrame {
    public ComponentExample(){
        this.setTitle("组件集锦");
        this.setSize(800,600);
        Container mainContainer=this.getContentPane();
        mainContainer.setLayout( new BoxLayout(mainContainer,BoxLayout.Y_AXIS));
        initTextField();
        initRadioButton();
        initCheckBox();
        initJComboBox();
        this.setVisible(true);
    }
    private void initTextField()
    {
        Container mainContainer=this.getContentPane();
        JPanel panel=createPanel("文本框");
        JTextField textField=new JTextField();
        textField.setText("这里可输入文字");
         Font f=new Font("楷体",Font.ITALIC,20);
        textField.setFont(f);
        panel.add(textField);
        mainContainer.add(panel);
    }
```

```
/* *
 * 生成单选按钮界面
 * /
private void initRadioButton(){
    Container mainContainer=this.getContentPane();
    JPanel panelRadioButton=createPanel("单选按钮");
     JRadioButton radioButton1=new JRadioButton();
    radioButton1.setText("A.满意");
    radioButton1.setToolTipText("提示:选择满意或者不满意");
    JRadioButton radioButton2=new JRadioButton();
    radioButton2.setText("B.不满意");
    radioButton2.setToolTipText("提示:选择满意或者不满意");
    radioButton2.setSelected(true);
    ButtonGroup group=new ButtonGroup();
    group.add(radioButton1);
    group.add(radioButton2);
    panelRadioButton.add(radioButton1);
    panelRadioButton.add(radioButton2);
    mainContainer.add(panelRadioButton);
}
private void initCheckBox()
{
    Container mainContainer=this.getContentPane();
    String panelTitle="多选按钮";
    JPanel panel=createPanel(panelTitle);
    JCheckBox checkBox1=new JCheckBox();
    checkBox1.setText("1.麻婆豆腐");
    checkBox1.setToolTipText("闻名世界的麻辣川菜");
    JCheckBox checkBox2=new JCheckBox();
    checkBox2.setText("2.糖醋里脊");
    checkBox2.setToolTipText("酸甜口开胃菜");
    checkBox2.setSelected(true);
    JCheckBox checkBox3=new JCheckBox();
    checkBox3.setText("3.清蒸鲈鱼");
    checkBox3.setToolTipText("健康粤菜");
    JCheckBox checkBox4=new JCheckBox();
    checkBox4.setText("4.酱香排骨");
    checkBox4.setToolTipText("香咸家常菜");
    checkBox4.setSelected(true);
    panel.add(checkBox1);
    panel.add(checkBox2);
    panel.add(checkBox3);
```

```
        panel.add(checkBox4);
        mainContainer.add(panel);
    }
    private void initJComboBox()
    {
        Container mainContainer=this.getContentPane();
        JComboBox<String>  comboCities=new JComboBox<String>();
        comboCities.addItem("北京");
        comboCities.addItem("上海");
        comboCities.addItem("广州");
        comboCities.addItem("深圳");
        JPanel panel=createPanel("下拉列表");
        panel.add(comboCities);
        mainContainer.add(panel);
    }
    /* *
     * @ param panelTitle
     * @ return
     * /
    public JPanel createPanel(String panelTitle){
        JPanel panel=new JPanel();
       panel. setBorder ( BorderFactory. createTitledBorder ( BorderFactory.
createLineBorder(Color.blue,3),panelTitle));
        return panel;
    }
    public static void main(String[] args){
        // TODO Auto-generated method stub
        new ComponentExample();
    }
}
```

程序运行结果如图 6.13 所示。

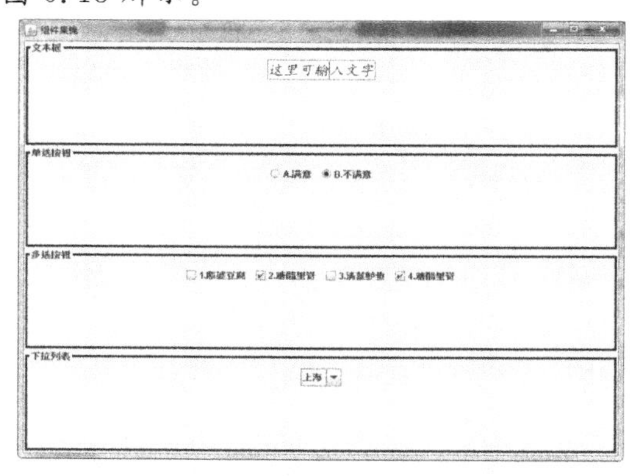

图 6.13　任务 6.8 运行截图

知识点

一、使用 JTextField 文本框

Swing 中使用 JTextField 类实现一个单行文本框，它允许用户输入单行的文本。

我们可以使用 JTextField 的 setFont(Font f)，设置文本框的字体。其中，可以设置字体名称（如宋体、仿宋、Times New Roman 等），字体风格（Font. PLAIN（普通）、Font. BOLD（加粗）、Font. ITALIC（斜体）等）和字体大小。

表 6.2 中列出了 JTextField 的主要方法。

表 6.2　JTextField 的主要方法

JTextField 主要方法	描　述
Dimension getPreferredSize()	获得文本框首选大小
DimensionsetPreferredSize(Dimension preferredSize)	设置文本框首选大小
void setColumns(int columns)	设置文本框显示内容的最大列数
void setFont(Font f)	设置文本的字体
void setHorizontalAlignment(int alignment)	设置水平对齐方式

二、使用 JRadioButton 单选按钮

Swing 中使用 JRadioButton 类实现单选框。

使用 setText(String text)设置单选中选项中显示的文本。

使用 setSelected(boolean b)设置单选框是否被选中。其中，true 为选中，false 为未选中。

多个 JRadioButton 要想成为一组互斥的单选按钮，必须将其加入同一个 ButtonGroup。例如，在本任务中，就将 radioButton1、radioButton2 两个对象加入了 ButtonGroup。这样用户就只能在这两项中选择其中一个了。例如，在本任务中我们使用如下代码将单选按钮编组。

```
ButtonGroup group= new ButtonGroup();
        group.add(radioButton1);
        group.add(radioButton2);
```

三、使用 JCheckBox 多选按钮

一个复选框有选中和未选中两种状态，并且可以同时选定多个复选框。Swing 中使用 JCheckBox 类实现复选框。

使用 setText(String text)，可设置复选框所显示的选项文本。

使用 setSelected(boolean b)，可设置复选框是否选中。其中，true 则为选中，false 则未选中。

四、使用 initJComboBox 下拉列表

下拉列表的特点是将多个选项折叠在一起，只显示最前面的或被选中的一个选项。选

择时需要单击下拉列表右边的下三角按钮，此时会弹出包含所有选项的列表。用户可以在列表中进行选择，也可以根据需要直接输入所要的选项，还可以输入选项中没有的内容。

需要注意的是 JComboBox〈T〉是一个泛型类。在实例化 JComboBox 时需要指定具体的数据类型。例如

```
JComboBox<String> comboCities=new JComboBox< String> ();
```

上述语句中 JComboBox 的类型参数指定为 String 类型，这就意味着 JComboBox 下拉列表中可以加入 String 类型的数据作为选项条目。

使用 addItem(T item)方法，将参数 item 加入到下拉列表中。当然，既然我们在本任务中实例化时指定了 T 为 String 类型，也意味着我们在为 JComboBox 添加元素时必须添加 String 类型的数据。

五、其他组件

Java Swing 组件使用方式基本类似，首先实例化组件，然后使用组件的方法完成相应的功能，如设置背景色、设置长宽、设置字体等。各个组件的使用方式大同小异，所实现的方法略有区别。由于篇幅限制，本章节不再一一给出每个组件的方法列表。

任务5 Swing 程序事件处理机制

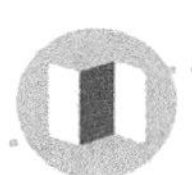

任务导入

任务 6.9 使用动作监听器。编写 Swing 程序，实现如下功能：界面上包括一个文本输入框、一个按钮、一个标签。用户在文本输入框中输入字符，然后点击按钮，文本将显示在标签上。

算法分析

(1)为 JButton 添加 ActionListener 动作监听器。

(2)定义 ButAction 类实现 ActionListener 接口，实现 void actionPerformed(ActionEvent e)方法。

参考代码

ButtonListenerExample.java

```
package cn.edu.whcvc.book.professionalJava.c6_9;
import java.awt.event.ActionEvent;
import java.awt.event.ActionListener;
import javax.swing.JButton;
import javax.swing.JFrame;
import javax.swing.JLabel;
import javax.swing.JPanel;
import javax.swing.JTextField;
public class ButtonListenerExample {
```

```
    public static void main(String[] args){
        JFrame jframe=new JFrame("动作监听");// 窗口
        jframe.setSize(500,400);// 设置窗口大小
        JPanel jpanel1=new JPanel();// 面板
        JButton jbutton1=new JButton("按钮 1");// 按钮 1
        JTextField jtextfield1=new JTextField("",15);// 用于显示的文本框,为 15 列
        JLabel label=new JLabel();
        // 使用一般内部类创建动作监听者
        class jbutton1Handler implements ActionListener {
            @ Override // 必须重写 ActionListener 接口的 actionPerformed 方法
            public void actionPerformed(ActionEvent e){
                String text=jtextfield1.getText();
                label.setText(text);
            }
        }
        // 按钮分别添加不同的动作监听者
        jbutton1.addActionListener(new jbutton1Handler());
        jpanel1.add(jtextfield1);//将文本框加入面板
        jpanel1.add(jbutton1);//将按钮 1 加入面板
        jpanel1.add(label);
        jframe.add(jpanel1);//将面板加入窗口
        jframe.setDefaultCloseOperation(JFrame.EXIT_ON_CLOSE);// 设置关闭时操作
        jframe.setVisible(true);// 设置可见
    }
}
```

程序运行结果如图 6.14 所示。

图 6.14　任务 6.9 运行效果图

知识点

一、Swing 的事件处理机制

用户与 UI 交互过程及程序内部修改组件时，会触发响应的事件。例如，点击 JButton 时，会产生动作事件；选中下拉列表中某一条目时，会产生条目事件。Swing 设计了一套事件响应机制，来进行事件处理编程。

要为组件的某个事件编写响应程序，首先我们先要定义一个监听处理器类实现该事件的监听处理器接口，在这个类中编写事件处理程序。然后调用组件的添加事件方法，将该类注册给组件。之后当组件的响应事件触发时，自然会调用所注册的监听。组件触发事件时，会将相关数据放在事件对象中，传递给监听处理器类，这样监听处理器类就能根据事件对象进行响应处理了。事件处理机制的具体流程如图 6.15 所示。

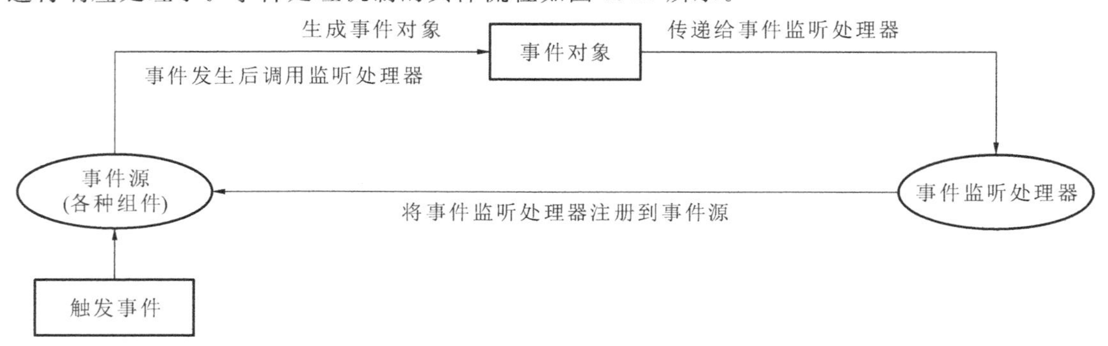

图 6.15 事件处理机制

二、动作事件及响应处理

动作事件是 Swing 最基本的一个事件。我们在点击按钮、双击列表、选中菜单时都会触发动作事件。

与动作事件相对应的监听处理器接口是动作处理器监听接口 ActionListener。若要为按钮点击或者选中菜单增加响应处理代码，我们就必须编写监听器类实现这个接口。这个接口包含一个方法 actionPerformed(ActionEvent e)。当我们编写监听器类，并将其注册给组件后，事件发生时就会调用我们实现的 actionPerformed(ActionEvent e)。

在本任务中，我们希望点击按钮后设置标签的值，因此我们实现此方法并编写了修改标签 Text 的代码，具体如下。

```
class jbutton1Handler implements ActionListener {
        @ Override // 必须重写 ActionListener 接口的 actionPerformed 方法
        public void actionPerformed(ActionEvent e){
            String text=jtextfield1.getText();
            label.setText(text);
        }
    }
```

我们还需要把动作处理器 jbutton1Handler 注册给组件。例如，在本任务中，我们希望点击按钮后进行相应的处理。因此需要将 jbutton1Handler 注册给 JButton。调用组件的 addActionListener(ActionListener l)方法就可以将动作处理器注册给组件。例如，任务 6.9 中的语句：

```
jbutton1.addActionListener(new jbutton1Handler());
```

就将动作监听处理 jbutton1Handler 的实例对象注册给了 jbutton1 按钮。这样当按钮被点击时，将调用 jbutton1Handler 实例对象的 actionPerformed，同时传递 ActionEvent e 参数。

ActionEvent 中包含了一个重要方法 getSource()，通过此方法可获得事件的发生源的引用。例如，在本任务中，事件源就是 jbutton1。

三、常见事件

表 6.3 中给出了我们在编程过程中经常用到的 Swing 事件。

表 6.3 Swing 重要事件

事件	监听器接口	事件类	注册方法	描述
动作事件	ActionListener	ActionEvent	addActionListener	接收组件的动作事件
键盘事件	KeyListener	KeyEvent	addKeyListener	接收键盘事件
鼠标事件	MouseListener	MouseEvent	addMouseListener	接收鼠标事件
选择事件	ItemListener	ItemEvent	addItemListener	选择变化事件，如列表的选择条目
组件事件	ComponentListener	ComponentEvent	addComponent Listener	接收组件变化事件，如位置大小变化
窗体事件	WindowListener	WindowEvent	addWindow Listener	窗体变化事件，如打开、关闭和最小化
焦点事件	FocusListener	FocusEvent	addFocusListener	接收获得焦点事件，如按 Tab 键切换焦点控件
鼠标移动事件	MouseMotionListener	MouseMotion Event	addMouseMotion Listener	接收鼠标移动事件

Java swing 事件体系命名非常规范，例如：事件类一般命名为 XXEvent；监听器接口命名为 XXListener；组件中相应的注册方法命名为 addXXListener，方法参数类型为 XXListener 接口。

课堂训练

编写一个 Swing 程序，其界面中包含一个字体下拉列表，下拉列表里包含了宋体、楷体等中文字体，也包含了 Serif 等英文字体；界面上包含了标签，显示了一些文字“看看这是什么字体 font”。要求用户选择下拉列表时，标签中文字的字体也随之变化。

习题6

一、选择题

1. Swing程序一般需要实例化一个窗口，窗口类是（　　）。

A. Frame　　B. JFrame　　C. JPanel　　D. JButton

2. 以下不是Swing的UI组件的是（　　）。

A. JSlider　　B. JList　　C. JTimer　　D. JText

3. 窗口高度增加时，窗口上部的Panel高度不变，下部的Panel填充剩余区域，不断变高。那么这个窗口使用的布局方式是（　　）。

A. FlowLayout　　B. BoxLayout　　C. BorderLayout　　D. 空布局

4. 下列可以为文本域JTextArea添加字符串的方法是（　　）。

A. int getRows()　　B. setColumns(int columns)

C. setLineWrap(boolean wrap)　　D. append(String str)

二、编程题

1. 编写Swing程序，具体要求如下。

(1)窗口启动后居中显示，大小为500×400。

(2)窗口上部为列表，用于展示学生列表。随着窗口大小变化，列表宽度和高度都同步变化。

(3)窗口下部包括文本输入框、添加按钮、删除按钮和标签（可输入学生姓名）。下部高度固定，高度随窗口的变化而变化。

(4)label标签用于显示列表中所选中的学生姓名。在文本输入框中输入学生姓名后点击添加按钮，学生可被添加到上部的列表。在列表中选中学生，点击删除按钮可删除该学生。

单元 7 IO 操作

知识目标

(1)了解 Java IO 原理。

(2)掌握文件读写的方法。

(3)掌握 java. io. File 类的使用方法。

能力目标

具有使用 Java IO 系统进行文件读写的能力。

任务 1 FileInputStream 和 FileOutputStream 对文件进行读写

任务导入

任务 7.1 使用 FileInputStream 类来读取指定文件的内容。其中,“D:\Java IO\test. txt”文件的内容为:Hello 大家好。

算法分析

(1)创建一个连接到指定文件的 FileInputStream 对象。

(2)通过 FileInputStream 对象的 read 方法,使用循环,每次读取一个字节的数据,如果已到达文件末尾,则返回-1,读取结束。

(3)关闭此文件输入流并释放与此流有关的所有系统资源。

参考代码

```
import java.io.FileInputStream;
import java.io.FileNotFoundException;
import java.io.IOException;
public class Demo1 {
    public static void main(String[] args){
        try{
            //创建一个连接到指定文件的 FileInputStream 对象
            FileInputStream fis=new FileInputStream("D:\\Java IO\\test.txt");
            int a;
```

```
            //使用循环,每次读取一个字节的数据,如果已到达文件末尾,则返回-1,读取
结束
            while((a=fis.read())!=-1){
                System.out.print((char)a);
            }
            //关闭此文件输入流并释放与此流有关的所有系统资源
            fis.close();
        }catch(FileNotFoundException e){
            e.printStackTrace();
        }catch(IOException e){
            e.printStackTrace();
        }
    }
}
```

运行任务7.1中的程序,在控制台的输出结果如图7.1所示。

Problems | @ Javadoc | Declaration | Console
<terminated> Demo1 [Java Application] C:\Program Files\Java\jre6\bin\javaw.exe
hello?ó????

图7.1 任务7.1在控制台的输出结果

注意:

从图7.1的输出结果可以看出,中文字符会出现乱码情况。这是因为在Unicode编码中,一个英文字符是用一个字节编码的,一个中文字符却是用两个字节编码的,而FileInputStream类是字节级的输入流类,所以使用字节流读取中文时,是必然会出现问题的。因此FileInputStream类多用于读取诸如图像数据、音视频数据之类的原始字节流,如任务7.2所示。要读取字符流,可以考虑使用FileReader,这点将在任务7.3中进行详细介绍。

任务7.2 使用FileInputStream和FileOutputStream两个类,编写一个复制图像文件功能的程序。

算法分析

(1)创建一个连接到指定文件的FileInputStream对象。

(2)创建一个向指定名的文件中写入数据的FileOutputStream对象。

(3)通过FileInputStream对象的read方法和FileOutputStream对象的write方法,使用循环,每次读取一个字节的数据,并将此数据写入到待复制的文件中,如果已到达文件末尾,则返回-1,读取和写入结束,复制完成。

(4)刷新文件输出流。

(5)关闭此文件输入流并释放与此流有关的所有系统资源。

(6)关闭此文件输出流并释放与此流有关的所有系统资源。

参考代码

```
import java.io.FileInputStream;
```

```
import java.io.FileNotFoundException;
import java.io.FileOutputStream;
import java.io.IOException;
public class Demo2 {
public static void main(String[] args){
    try{
        //创建一个连接到指定文件的 FileInputStream 对象
        FileInputStream fis=new FileInputStream("D:\\Java IO\\square.png");
        //创建一个向指定名的文件中写入数据的 FileOutputStream 对象
        FileOutputStream fos= new FileOutputStream("D:\\Java IO\\copy_square.
png");
        int a;
        //通过 FileInputStream 对象的 read 方法和 FileOutputStream 对象的 write 方
法,使用循环,每次读取一个字节的数据,并将此数据写入到待复制的文件中,如果已到达文件
末尾,则返回-1,读取和写入结束,复制完成
        while((a=fis.read())!=-1){
            fos.write(a);
        }
        //刷新文件输出流
        fos.flush();
        //关闭此文件输入流并释放与此流有关的所有系统资源
        fis.close();
        //关闭此文件输出流并释放与此流有关的所有系统资源
        fos.close();
    }catch(FileNotFoundException e){
        e.printStackTrace();
    }catch(IOException e){
        e.printStackTrace();
    }
  }
}
```

知识点

一、Java IO 原理

数据流是一个抽象概念,代表一个连续的数据块,或者说是一个流动的数据序列。可以把数据流比喻成现实生活中的水流,每家每户都需要使用自来水,这就需要在用户家中和自来水公司之间接上一根水管,这样自来水公司供应的水才能通过水管流到用户家中。

与现实生活中的水流原理一样，当Java程序需要从数据源中读取数据时，就需要开启一个到数据源的流。同样，当Java程序需要输出数据到目的地时，也需要开启一个流。数据流的创建是为了更有效地完成数据的输入和输出。

Java中处理数据输入和输出的类和接口大都在java.io包中，通过它们可以方便地处理数据的输入和输出。如果数据流的一端与数据源相连的另一端和java.io包中某个输入数据流类相连接，不断从数据源读取数据，便是数据输入流。如果数据流的一端与接收器相连的另一端和java.io包中某个输出数据流类相连接，便是数据输出流。简而言之，流是有方向的，输入流只能用于读取数据，输出流只能用于写入数据。

二、流的分类

1. 按数据流向分类

输入流：程序可以从中读取数据的流。

输出流：程序能向其中输出数据的流。

2. 按数据传输单位分类

字节流：以字节为单位传输数据的流。

字符流：以字符为单位传输数据的流。

3. 按流的功能分类

节点流：用于直接操作数据源的流。

过滤流：也称为处理流，是对一个已存在流的连接和封装，来提供更为强大、灵活的读写能力。

三、文件字节流FileInputStream和FileOutputStream

FileInputStream和FileOutputStream是以字节为读写单位的文件输入流和文件输出流。利用这两个类可以方便地对文件进行读写操作。

1. FileInputStream类

FileInputStream是用于以字节为单位读取文件数据的文件输入流。常用于读取诸如图像数据、音视频数据之类的原始字节流。需要注意的是，使用FileInputStream读取中文时，会出现中文字符乱码的问题，这点请参考任务7.1。因此当要读取的文件中包含中文字符时，不宜使用FileInputStream。

2. FileOutputStream类

FileOutputStream是用于以字节为单位将数据写入文件的文件输出流。常用于写入诸如图像数据、音视频数据之类的原始字节流。

课堂训练

使用FileInputStream和FileOutputStream类实现文件的读写操作。

任务2 FileReader 和 FileWriter 对文件进行读写

任务导入

任务7.3 使用 FileReader 类来读取指定文件的内容。其中，"D:\Java IO\test.txt"文件的内容为：Hello 大家好。

算法分析

(1)创建一个连接到指定文件的 FileReader 对象。

(2)通过 FileReader 对象的 read 方法，使用循环，每次读取一个字节的数据，如果已到达文件末尾，则返回－1，读取结束。

(3)关闭此文件输入流并释放与此流有关的所有系统资源。

参考代码

```
import java.io.FileReader;
import java.io.FileNotFoundException;
import java.io.IOException;
public class Demo3 {
    public static void main(String[] args){
        try{
            //创建一个连接到指定文件的 FileReader 对象
            FileReader fr=new FileReader("D:\\Java IO\\test.txt");
            int a;
            //通过 FileReader 对象的 read 方法，使用循环，每次读取一个字节的数据，如果已到达文件末尾，则返回-1，读取结束
            while((a=fr.read())!=-1){
                System.out.print((char)a);
            }
        //关闭此文件输入流并释放与此流有关的所有系统资源
        fr.close();
        }catch(FileNotFoundException e){
            e.printStackTrace();
        }catch(IOException e){
            e.printStackTrace();
        }
    }
}
```

运行任务7.3中的程序，在控制台的输出结果如图7.2所示。

Problems @ Javadoc Declaration Console
<terminated> Demo3 (1) [Java Application] C:\Program Files\Java\jre6\bin\javaw.exe
hello大家好

图 7.2 任务 7.3 在控制台的输出结果

注意：

对比图 7.1 的输出结果，图 7.2 里的中文字符全部正常显示，并未出现图 7.1 里的中文字符乱码情况。这是因为一个英文字符是一个字符，而一个中文字符也是一个字符。FileReader 是按照字符为单位来读取文件数据的，因此在任务 7.3 中并未出现中文字符乱码的情况。

任务 7.4 使用 FileWriter 类来向指定文件中写入数据"这是一本 Java 的书，此书内容由浅入深、循序渐进，棒棒哒！"。

算法分析

(1)创建一个向指定名的文件中写入数据的 FileWriter 对象。
(2)通过 FileWriter 对象的 write(String str)方法，将字符串写入指定文件中。
(3)刷新文件输出流。
(4)关闭此文件输入流并释放与此流有关的所有系统资源。

参考代码

```
import java.io.FileWriter;
import java.io.IOException;
public class Demo4 {
    public static void main(String[] args){
        try{
            //创建一个向指定名的文件中写入数据的 FileWriter 对象
            FileWriter fw=new FileWriter("D:\\Java IO\\ FileWriter_test.txt");
            //通过 FileWriter 对象的 write(String str)方法,将字符串写入指定文件中
            fw.write("这是一本 Java 的书,此书内容由浅入深、循序渐进,棒棒哒!");
            //刷新文件输出流
            fw.flush();
            //关闭此文件输入流并释放与此流有关的所有系统资源
            fw.close();
        }catch(IOException e){
            e.printStackTrace();
        }
    }
}
```

运行任务 7.4 中的程序，文本文件"FileWriter_test.txt"中的内容如图 7.3 所示。

FileWriter_test.txt - 记事本
文件(F) 编辑(E) 格式(O) 查看(V) 帮助(H)
这是一本Java的书，此书内容由浅入深、循序渐进，棒棒哒！

图 7.3 文本文件"FileWriter_test.txt"的显示内容

知识点

FileReader 和 FileWriter 是以字符为读写单位的文件输入流和文件输出流。由于一个英文字符是一个字符，而一个中文字符也是一个字符，因此用 FileReader 和 FileWriter 来操作文本文件是非常合适的。

1. FileReader 类

FileReader 是用于以字符为单位读取文件数据的文件输入流。常用于读取文件内容中含有中文字符的情况。

2. FileWriter 类

FileWriter 是用于以字符为单位将数据写入文件的文件输出流。常用于要写入的数据含有中文字符的情况。

课堂训练

使用 FileReader 和 FileWriter 类来实现文件的读写操作。

任务 3 BufferedReader 和 BufferedWriter 对文件进行读写

任务导入

任务 7.5 用缓冲流实现文本文件的复制功能，要求复制后的文本文件中的内容与格式与原文本文件中的内容与格式保持一致。原文本文件中的内容与格式如图 7.4 所示。

```
public class Test{
        public static void main(String[] args){
                System.out.println("这是一个标准格式的java程序!");
        }
}
```

图 7.4 原文本文件中的内容与格式

算法分析

（1）分别创建一个字符缓冲输入流 BufferedReader 对象和一个字符缓冲输出流 BufferedWriter 对象，它们是过滤流，是对节点流的包装。

（2）通过 BufferedReader 对象的 readLine 方法和 BufferedWriter 对象的 write 方法，使用循环，每次读取文本文件的一行字符，并将此行字符串写入到待复制的文件中，注意每写一行后，可以通过 BufferedWriter 对象的 newLine 方法在该行末尾写入行分隔符。如果已到达文件末尾，则返回 null，读取和写入结束，复制完成。

(3)刷新字符缓冲输出流。

(4)关闭字符缓冲输入流并释放与此流有关的所有系统资源。

(5)关闭字符缓冲输出流并释放与此流有关的所有系统资源。

参考代码

```
import java.io.BufferedReader;
import java.io.BufferedWriter;
import java.io.FileNotFoundException;
import java.io.FileReader;
import java.io.FileWriter;
import java.io.IOException;
public class Demo5 {
    public static void main(String[] args){
        try{
        //分别创建一个字符缓冲输入流 BufferedReader 对象和一个字符缓冲输出流
BufferedWriter 对象,它们是过滤流,是对节点流的包装
            BufferedReader br=new BufferedReader(new FileReader("D:\\Java IO\\
test2.txt"));
            BufferedWriter bw=new BufferedWriter(
            new FileWriter("D:\\Java IO\\copy_test2.txt"));
            String str;
        //通过 BufferedReader 对象的 readLine 方法和 BufferedWriter 对象的 write 方
法,使用循环,每次读取文本文件的一行字符,并将此行字符串写入到待复制的文件中,注意每
写一行后,可以通过 BufferedWriter 对象的 newLine 方法在该行末尾写入行分隔符。如果已
到达文件末尾,则返回 null,读取和写入结束,复制完成
            while((str=br.readLine())!=null){
                bw.write(str);
                bw.newLine();
            }
            //刷新字符缓冲输出流
            bw.flush();
            //关闭字符缓冲输入流并释放与此流有关的所有系统资源
            br.close();
            //关闭字符缓冲输出流并释放与此流有关的所有系统资源
            bw.close();
        }catch(FileNotFoundException e){
            e.printStackTrace();
        }catch(IOException e){
            e.printStackTrace();
        }
    }
}
```

知识点

一、缓冲流

为了提高数据读写的速度，Java API 提供了带缓冲功能的流类，在使用这些带缓冲功能的流类时，会创建一个内部缓冲区数组。在读取字节或字符时，会先用从数据源读取到的数据填充该内部缓冲区，然后再返回；在写入字节或字符时，会先用要写入的数据填充该内部缓冲区，然后一次性写入目标数据源中。

缓冲流都属于过滤流，也就是说，缓冲流并不直接操作数据源，而是对直接操作数据源的节点流的一个包装，以此增强它的功能。在操作字节文件或文本文件时，建议使用缓冲流，这样程序的效率会更高一些。

二、缓冲流分类

按照数据操作单位，可以将缓冲流分为以下两类。

（1）BufferedInputStream 和 BufferedOutputStream：针对字节的输入和输出缓冲流。

（2）BufferedReader 和 BufferedWriter：针对字符的输入和输出缓冲流。

课堂训练

使用字符缓冲流（BufferedReader 和 BufferedWriter）实现文件的读写操作。

任务4 InputStreamReader 和 OutputStreamWriter 的使用

任务导入

任务 7.6 转换流的使用示例。在这个程序中，首先将标准输入流 System. in 这个字节流包装成字符流，为了进一步提高效率，又把它包装成了缓冲流。然后利用这个缓冲流来读取从键盘输入的数据并转换成大写字符输出。

参考代码

```
import java.io.BufferedReader;
import java.io.IOException;
import java.io.InputStreamReader;
public class Demo6 {
    public static void main(String[] args){
        System.out.println("请输入信息(退出输入 e 或 exit):");
```

```
            //把标准输入流(键盘输入)这个字节流包装成字符流,再包装成缓冲流
            BufferedReader br = new BufferedReader(new InputStreamReader(System.
    in));
            String str;
            try{
                //读取用户输入的一行数据,阻塞程序
                while((str=br.readLine())!=null){
                    //当用户输入"e"或"exit"时(不区分大小写),结束循环,停止输入
                    if(str.equalsIgnoreCase("e")|| str.equalsIgnoreCase("exit")){
                        System.out.println("安全退出");
                        break;
                    }
                    //将读取到的整行字符串转换成大写输出
                    System.out.println("-->:"+str.toUpperCase());
                System.out.println("继续输入信息:");
                }
                //关闭缓冲流时,会自动关闭它包装的底层节点流
            br.close();
                }catch(IOException e){
            e.printStackTrace();
        }
      }
    }
```

运行任务 7.6 中的程序,在控制台的输出结果如图 7.5 所示。

```
Problems  @ Javadoc  Declaration  Console
<terminated> Demo6 [Java Application] C:\Program Files\Java\jre6\bin\javaw.exe (2019-10-15 下午12:52:40)
请输入信息(退出输入e或exit):
How are you!
-->:HOW ARE YOU!
继续输入信息:
学习Java编程是一件很快乐的事
-->:学习JAVA编程是一件很快乐的事
继续输入信息:
exit
安全退出
```

图 7.5 任务 7.6 的执行结果

知识点

转换流 InputStreamReader 和 OutputStreamWriter

有时候,我们需要在字节流和字符流之间进行转换,以便方便操作。Java SE API 提供了两个转换流:InputStreamReader 和 OutputStreamWriter。

1. InputStreamReader 类

InputStreamReader 用于将字节流中读取到的字节按指定字符集解码成字符。它需要与 InputStream“套接”。其常用构造方法及功能介绍如下。

- public InputStreamReader(InputStream in)：创建一个使用默认字符集的 InputStreamReader。
- public InputStreamReader(InputStream in,String charsetName)：创建使用指定字符集的 InputStreamReader。

2. OutputStreamWriter 类

OutputStreamWriter 用于将要写入到字节流中的字符按指定字符集编码成字节。它需要与 OutputStream“套接”。其常用构造方法及功能介绍如下。

- public OutputStreamWriter(OutputStream out)：创建一个使用默认字符集的 OutputStreamWriter。
- public OutputStreamWriter(OutputStream out,String charsetName)：创建使用指定字符集的 OutputStreamWriter。

课堂训练

使用转换流(InputStreamReader 和 OutputStreamWriter)实现字节流和字符流之间的转换。

任务 5 通过 File 类对文件进行操作

任务导入

任务 7.7 创建一个 File 对象，检验对应的文件是否存在，若不存在，则尝试创建之。然后通过 File 对象的方法获取与文件相关的信息，例如：文件名称，文件最后修改时间，文件大小等。

算法分析

(1)从键盘接收一个文件路径，根据此路径创建一个 File 对象。

(2)通过调用 File 对象的 exists 方法判断文件是否存在，如果该文件不存在，则调用 File 对象的 createNewFile 方法进行创建。

(3)根据要获取的文件信息，调用相应的方法即可。例如：获取文件名称，调用 File 对象的 getName 方法即可。

参考代码

```
import java.io.File;
```

```
import java.io.IOException;
import java.util.Date;
import java.util.Scanner;
public class Demo7{
    public static void main(String[] args){
        System.out.print("请输入文件路径及文件名:");
        Scanner input=new Scanner(System.in);
        //从键盘接收一个文件路径,根据此路径创建一个 File 对象
        String path=input.next();
        File file=new File(path);
        //通过调用 File 对象的 exists 方法判断文件是否存在,如果该文件不存在,则调用
File 对象的 createNewFile 方法进行创建
        if(!file.exists()){
            try{
                file.createNewFile();
            }catch(IOException e){
                e.printStackTrace();
            }
        }
        System.out.println("文件是否存在:"+file.exists());
        System.out.println("是文件吗:"+file.isFile());
        System.out.println("是目录吗:"+file.isDirectory());
        System.out.println("名称:"+file.getName());
        System.out.println("路径:"+file.getPath());
        System.out.println("绝对路径:"+file.getAbsolutePath());
        System.out.println("最后修改时间:"+new Date(file.lastModified()));
        System.out.println("文件大小:"+file.length());
    }
}
```

运行任务7.7中的程序,执行结果如图7.6所示。

```
Problems  @ Javadoc  Declaration  Console
<terminated> Demo6 [Java Application] C:\Program Files (x86)\Java\jre6\bin\javaw.exe (2019-9-6 下午03:14:18)
请输入文件路径及文件名:D:\images\focus.jpg
文件是否存在:true
是文件吗:true
是目录吗:false
文件名称:focus.jpg
路径:D:\images\focus.jpg
绝对路径:D:\images\focus.jpg
文件最后修改时间:Wed Dec 12 22:35:12 CST 2018
文件大小:36140
```

图7.6 任务7.7的执行结果

知识点

一、文件的概念

文件是相关记录或放在一起的数据的集合，它可以存储在硬盘、光盘、移动存储设备上，其存储形式可以是文本文档、图片、程序等。在编程过程中，经常需要对文件进行各种处理。

二、File 类

java.io 包中提供了一系列的类用于对底层系统中的文件进行处理。其中，File 类是最重要的一个类，该类可以获取文件信息也可以对文件进行管理。File 对象既可以表示文件，也可以表示目录，利用它可以用来对文件、目录及属性进行基本操作。File 类提供了很多方法，通过这些方法可以获取与文件相关的信息，如文件名称、文件大小、文件最后修改时间等，其常用方法及功能如表 7.1 所示。

表 7.1 File 类常用方法

方法名	功能描述
File(Stringpathname)	构造方法，通过将给定路径名字符串转换为抽象路径名来创建一个新 File 实例
boolean canRead()	测试应用程序是否可以读取此抽象路径名表示的文件
boolean createNewFile()	检查文件是否存在，若不存在则创建该文件
boolean delete()	删除此抽象路径名表示的文件或目录。如果此路径名表示一个目录，则该目录必须为空才能删除
boolean exists()	测试此抽象路径名表示的文件或目录是否存在
String getAbsolutePath()	返回此抽象路径名的绝对路径名形式
String getParent()	返回此抽象路径名父目录的路径名字符串；如果此路径名没有指定父目录，则返回 null
String getName()	返回由此抽象路径名表示的文件或目录的名称。该名称是路径名名称序列中的最后一个名称。如果路径名名称序列为空，则返回空字符串
boolean isDirectory()	测试此抽象路径名表示的文件是否是一个目录
boolean isFile()	测试此抽象路径名表示的文件是否是一个标准文件
long length()	返回由此抽象路径名表示的文件的长度，以字节为单位。如果此路径名表示一个目录，则返回值是不确定的
boolean mkdir()	创建此抽象路径名指定的目录
boolean mkdirs()	创建此抽象路径名指定的目录，包括所有必需但不存在的父目录
boolean renameTo(File dest)	重新命名此抽象路径名表示的文件
long lastModified()	返回此抽象路径名表示的文件最后一次被修改的时间。该方法的返回值为 long 型，是一个时间戳，即与时间点(1970 年 1 月 1 日，00:00:00 GMT)间隔的毫秒数

课堂训练

创建一个 File 对象，通过调用该对象提供的不同方法来获取文件的各种信息和属性。

习题7

一、单选题

1. 以下(　　)不属于 File 类的功能。

A. 改变当前目录　　B. 返回父目录名称　　C. 读取文件中的内容　　D. 删除文件

2. 以下(　　)方法不是 FileInputStream 的方法。

A. read()　　B. flush()　　C. close()　　D. available()

3. 计算机中的流是(　　)。

A. 流动的字节　　B. 流动的文件　　C. 流动的对象　　D. 流动的数据缓冲区

4. 下列叙述中，正确的是(　　)。

A. reader 是一个读取字符文件的接口

B. reader 是一个读取字节文件的一般类

C. reader 是一个读取数据文件的抽象类

D. reader 是一个读取字符文件的抽象类

5. 关于 IO 流的说法，以下错误的是(　　)。

A. IO 流可以分为字节流和字符流

B. FileReader 和 FileWriter 是专门用来读取和写入文本文件的

C. FileInputStream 和 FileOutputStream 是专门用于读取和写入诸如图像数据之类的原始字节流的

D. 流是有方向的，因此输入流只能用于写入数据，输出流只能用于读取数据

6. 下列流中使用了缓冲区技术的是(　　)。

A. FileInputStream　　B. FileReader　　C. BufferedInputStream　　D. 以上都不对

二、填空题

1. Java 语言提供处理不同类型流的类的包是________。

2. 要在磁盘上创建一个文件，可以使用________类的实例。

3. 按照流的方向来分，IO 流包括________和________。

4. FileOutputStream 类的父类是________。

5. BufferedReader 阅读文本行的方法是________。

6. 要关闭流并释放与之关联的所有资源，则可以调用该流类对象的________方法。

三、编程题

1. 使用 FileInputStream 和 FileOutputStream 类，编写一个复制音频文件功能的程序。

2. 使用 FileReader 类，编写一个程序，统计并输出某个文本文件中"书"字符的个数。

3. 在 D 盘中创建文件 example. txt，文件中内容为"欢迎来到 Java 的世界"，然后使用字符缓冲流(BufferedReader 和 BufferedWriter)将该文件复制到 E 盘根目录下。

4. 在计算机中打开目录 D:\java\code，如果目录不存在，则尝试新建之，然后在该目录下创建文件 think. txt，文件中的内容为"学习 Java 的几点思考"，最后计算并输出此文件的大小。利用本单元所学到的知识，编写一个程序，实现上述操作。

单元 8 多线程

知识目标

(1)掌握创建线程的两种基本方式。

(2)掌握操作线程的方法。

(3)了解线程的优先级。

(4)掌握线程同步的方法。

能力目标

具有使用多线程解决实际问题的能力。

任务 1 创建线程的两种基本方式

任务导入

任务 8.1 使用线程实现在控制台中倒序输出从 20 到 1 的数字——使用继承 Thread 类方式。

算法分析

(1)定义类 ThreadTest,它继承自类 Thread。

(2)在类 ThreadTest 中重写父类 Thread 的 run 方法。

(3)在 run 方法中通过 for 循环在控制台中倒序输出从 20 到 1 的数字。

(4)在类 ThreadTest 的 main 方法中创建 ThreadTest 对象。

(5)在类 ThreadTest 的 main 方法中通过 ThreadTest 对象启动线程。

参考代码

```
public class ThreadTest extends Thread {
    @ Override
    public void run(){
        for(int i=20;i>0;i--){
            System.out.print(i+" ");
        }
    }
```

```
    public static void main(String[] args){
        ThreadTest t=new ThreadTest();
        t.start();
    }
}
```

任务 8.2 使用线程实现在控制台中倒序输出从 20 到 1 的字符——使用实现 Runnable 接口的普通方式。

算法分析

(1)定义类 ThreadTest,实现接口 Runnable。

(2)在类 ThreadTest 中实现 Runnable 接口方法 run。

(3)在 run 方法中通过 for 循环在控制台中倒序输出从 20 到 1 的数字。

(4)在类 ThreadTest 的 main 方法中创建 ThreadTest 的对象。

(5)在类 ThreadTest 的 main 方法中创建 Thread 对象。

(6)在类 ThreadTest 的 main 方法中通过 Thread 对象启动线程。

参考代码

```
public class ThreadTest implements Runnable {
    @ Override
    public void run(){
        for(int i=20;i>0;i--){
            System.out.print(i+" ");
        }
    }
    public static void main(String[] args){
        ThreadTest tt=new ThreadTest();
        Thread t=new Thread(tt);
        t.start();
    }
}
```

任务 8.3 使用线程实现在控制台中倒序输出从 20 到 1 的字符——使用实现 Runnable 接口的匿名类方式。

算法分析

(1)定义类 ThreadTest。

(2)在类 ThreadTest 的 main 方法中创建 Thread 对象。此部分需将实现了 Runnable 接口的匿名类对象作为参数传入 Thread 类的构造方法中,run 方法的实现在匿名类中完成。

(3)在类 ThreadTest 的 main 方法中通过 Thread 对象启动线程。

参考代码

```
public class ThreadTest {
    public static void main(String[] args){
```

```
        Thread t=new Thread(new Runnable(){
            @ Override
            public void run(){
                for(int i=20;i>0;i--){
                    System.out.print(i+" ");
                }
            }
        });
        t.start();
    }
}
```

知识点

一、线程简介

1. 什么是线程

世间万物会同时完成很多工作，如人体同时进行呼吸、血液循环、思考问题等活动；用户既可以使用计算机听歌，也可以使用它打印文件。而这些活动完全可以同时进行，这种思想在 Java 中称为并发，而将并发完成的每一件事情称为线程。

在人们的生活中，并发机制非常重要，但是并不是所有的程序语言都支持线程。在以往的程序中，多以一个任务完成后再进行下一个项目的模式进行开发，这样下一个任务的开始必须等待前一个任务的结束。Java 语言提供并发机制，程序员可以在程序中执行多个线程，每一个线程完成一个功能，并与其他线程并发执行，这种机制被称为多线程。

2. 线程与进程的区别

进程是程序的一次动态执行过程，它需要经历从代码加载，代码执行到执行完毕的一个完整的过程，这个过程也是进程本身从产生、发展到最终消亡的过程。多进程操作系统能同时运行多个进程（程序），由于 CPU 具备分时机制，所以每个进程都能循环获得自己的 CPU 时间片。由于 CPU 执行速度非常快，使得所有程序好像是在同时运行一样。

多线程是实现并发机制的一种有效手段。线程和进程一样，都是实现并发的一个基本单位。线程是在比进程更小的执行单位，它是进程的基础之上进行进一步的划分。所谓多线程是指一个进程在执行过程中可以产生多个更小的程序单元，这些更小的程序单元称为线程，这些线程可以同时存在，同时运行，一个进程可能包含多个同时执行的线程。线程与进程的区别如图 8.1 所示。

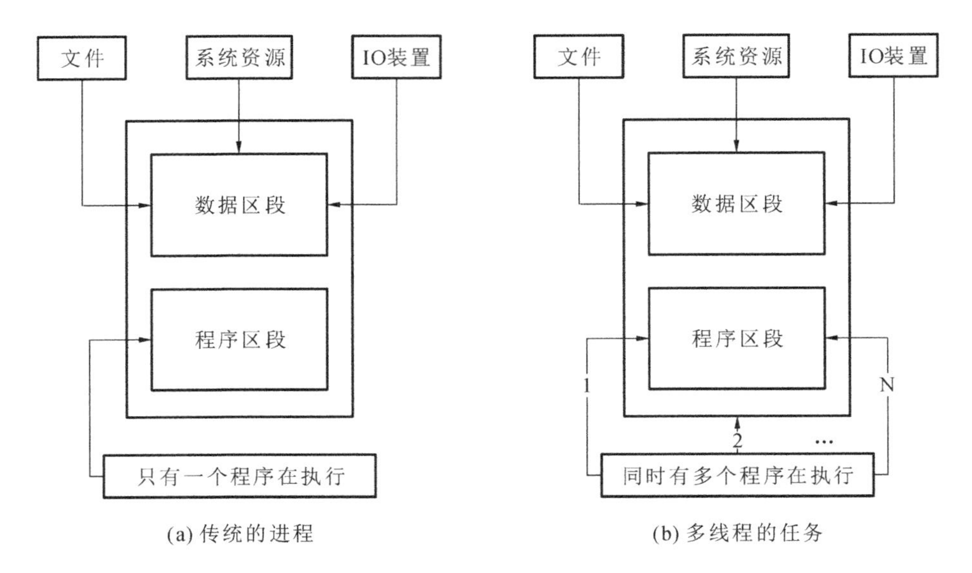

图 8.1　线程与进程的区别

二、通过使用继承 Thread 类的方式创建线程

其中，用到的关键字为：extends Thread。

1. 步骤

(1)创建一个类 T 继承自 Thread 类。

(2)在类 T 中重写 Thread 类中的 run 方法，在 run 方法中加入具体的任务代码。

(3)创建类 T 对象 t 实现创建一个线程对象。

(4)对象 t 调用 start 方法启动该线程。

2. 代码

```
public class T extends Thread {//步骤(1)
    @ Override
    public void run(){//步骤(2)
        //线程的任务代码
    }
    public static void main(String[] args){
        T t=new T();//步骤(3)
        t.start();//步骤(4)
    }
}
```

三、通过使用实现 Runnable 接口的方式创建线程

其中用到的关键字为 implements Runnable。

1. 实现 Runnable 接口的普通方式

其具体步骤如下。

(1)创建实现了 Runnable 接口的类 R。

(2)在类 R 中重写 Runnable 接口中的 run 方法,在 run 方法中加入具体的任务代码。

(3)创建类 R 的对象 r。

(4)通过将对象 r 作为参数传递给 Thread 类的构造方法来创建线程对象 t。

(5)通过线程对象 t 调用 start 方法启动该线程。

2. 实现 Runnable 接口的普通方式

其具体代码如下。

```
public class R implements Runnable {//步骤(1)
    @ Override
    public void run(){//步骤(2)
        //线程的任务代码
    }
    public static void main(String[] args){
        R r=new R();//步骤(3)
        Thread t=new Thread(r);//步骤(4)
        t.start();//步骤(5)
    }
}
```

3. 实现 Runnable 接口的匿名类方式

其具体步骤如下。

(1)在类 Demo 中通过将实现了 Runnable 接口的匿名类对象作为参数传入 Thread 类的构造方法中来创建线程对象 t,run 方法的实现在匿名类中完成。

(2)在 run 方法中加入具体的任务代码。

(3)通过线程对象 t 调用 start 方法启动该线程。

4. 实现 Runnable 接口的匿名类方式

其具体代码如下。

```
public class Demo {
    public static void main(String[] args){
        Thread t=new Thread(new Runnable(){//步骤(1)
            @ Override
            public void run(){//步骤(2)
                //线程的任务代码
            }
        });
        t.start();//步骤(3)
    }
}
```

四、两种创建方式各自的优缺点

1. 通过使用继承 Thread 类的方式创建线程

(1)优点:编写简单,如果需要访问当前线程,无须使用 Thread. currentThread()方法,直接使用 this，即可获得当前线程。

（2）缺点：因为线程类已经继承了 Thread 类，所以不能再继承其他的父类。

2. 通过使用实现 Runnable 接口的方式创建线程

（1）优点：线程类只是实现了 Runable 接口，还可以继承其他的类。在这种方式下，可以多个线程共享同一个目标对象，所以非常适合多个相同线程来处理同一份资源的情况，从而可以将 CPU 代码和数据分开，形成清晰的模型，较好地体现了面向对象的思想。

（2）缺点：编程稍微复杂，如果需要访问当前线程，必须使用 Thread. currentThread() 方法。

课堂训练

同时创建并启动两个线程，一个线程输出 0 到 100 之间的偶数，另一个线程输出 0 到 100 之间的奇数。

任务 2 操作线程的方法

任务导入

任务 8.4 创建一个线程，让它每隔 5 秒钟输出一次当前时间。

注意：

可以使用 Thread 类的 sleep 方法。

算法分析

（1）在线程的 run 方法中设置 while(true)循环。

（2）在循环中先使用 Date 类打印当前时间，再使用 Thread 类的 sleep 方法让线程休眠 5 秒钟，依次循环。

（3）启动线程。

参考代码

```
import java.util.Date;
public class ThreadTest {
    public static void main(String[] args){
        Thread t=new Thread(new Runnable(){
            @ Override
            public void run(){
                while(true){
                    System.out.println(new Date().toString());
```

```
                        try {
                            Thread.sleep(5000);
                        } catch(InterruptedException e){
                            // TODO Auto-generated catch block
                            e.printStackTrace();
                        }
                    }
                }
            });
            t.start();
        }
    }
```

任务8.5 有两个名称为T1和T2的线程，都实现了按照“线程名:i”(其中，i从0到30)的格式在控制台中依次打印输出的功能。T1和T2同时运行，T1“尽量”礼让T2。

> **注意：**
> 使用Thread类的yield方法。

算法分析

(1)创建MyThread类，其继承自Thread类。

(2)在MyThread类中创建带一个字符串参数的构造方法(用于线程名)。

(3)在MyThread类的run方法中使用for循环实现按照“线程名:i”(其中，i从0到30)的格式在控制台中依次打印输出的功能。

(4)在(3)的for循环中使用getName方法判断：当线程名为T1时，调用Thread类的yield方法进行礼让。

(5)创建测试类ThreadTest并在main方法中使用带参构造方法创建线程名为T1和T2的MyThread类的线程对象t1和t2。

(6)t1和t2分别调用start方法启动线程。

参考代码

```
public class ThreadTest{
    public static void main(String[] args){
        MyThread t1=new MyThread("T1");
        MyThread t2=new MyThread("T2");
        t1.start();
        t2.start();
    }
}
class MyThread extends Thread{
    public MyThread(String name){
        super(name);
```

```
            // TODO Auto-generated constructor stub
        }
        @ Override
        public void run(){
            // TODO Auto-generated method stub
            for(int i=0;i< =30;i++){
                System.out.println(getName()+":"+i);
                if("T1".equals(getName())){
                    Thread.yield();
                }
            }
        }
    }
```

任务 8.6 在 main 方法的主线程中实现按照“线程名:i”(其中,i 从 1 到 50)的格式在控制台中依次打印输出的功能。其中,当 i 等于 30 时需加入另一个线程,该线程实现按照“线程名:i”(其中,i 从 1 到 20)的格式在控制台中依次打印输出的功能。

> **注意:**
> 可以使用 Thread 类的 join 方法。

算法分析

(1)创建 MyThread 类实现 Runnable 接口。

(2)在 MyThread 类的 run 方法中使用 for 循环实现按照“线程名:i”(其中,i 从 1 到 20)的格式在控制台中依次打印输出的功能。

(3)创建测试类 ThreadTest 并在 main 方法中使用带 Runnable 参数的 Thread 类构造方法创建线程对象 t。

(4)在 main 方法中使用 for 循环实现按照“线程名:i”(其中,i 从 1 到 50)的格式在控制台中依次打印输出的功能。

(5)在(4)的 for 循环中当循环变量等于 30 时,使用线程对象 t 依次调用 start 与 join 方法将该线程启动并加入进来。

参考代码

```
public class ThreadTest {
    public static void main(String[] args){
        Thread t=new Thread(new MyThread());
        for(int i=1;i<=50;i++){
            System.out.println(Thread.currentThread().getName()+":"+i);
            if(i==30){
                t.start();
                try {
                    t.join();
                } catch(InterruptedException e){
```

```
                    // TODO Auto-generated catch block
                    e.printStackTrace();
                }
            }
        }
    }
}
class MyThread implements Runnable {
    public void run(){
        for(int i=1;i<=20;i++){
            System.out.println(Thread.currentThread().getName()+":"+i);
        }
    }
}
```

任务 8.7 在 main 方法的主线程中启动一个线程，该线程从 0 开始依次循环递增在控制台中输出连续整数，该线程启动 5 秒后在 main 方法的主线程中结束该线程。

注意：

可以使用 Thread 类的 interrupt 方法。

算法分析

(1)创建 MyThread 类，其继承自 Thread 类。

(2)在 MyThread 类的 run 方法中使用 while 循环实现从 0 开始依次循环递增在控制台中输出连续整数，其中 while 循环的条件表达式使用 Thread 类的 isInterrupted 方法。

(3)创建测试类 ThreadTest 并在 main 方法中创建 MyThread 类的对象 t，启动线程对象 t。

(4)在 main 方法中使用 Thread 类的 sleep 方法让主线程休眠 5 秒钟。

(5)调用 Thread 类的 interrupt 方法中断线程对象 t。

参考代码

```
public class ThreadTest {
    public static void main(String[] args){
        MyThread t=new MyThread();
        t.start();
        try {
            Thread.sleep(5000);
        } catch(InterruptedException e){
            // TODO Auto-generated catch block
        e.printStackTrace();
        }
        t.interrupt();
```

```
        }
    }
    class MyThread extends Thread {
        public void run(){
            int i=0;
            while(!isInterrupted()){
                System.out.println(i);
                i++;
            }
        }
    }
```

任务 8.8 在 main 方法的主线程中启动一个线程，该线程从 0 开始每隔 1 秒钟依次循环递增在控制台中输出连续整数，该线程启动 5 秒后在 main 方法的主线程中结束该线程。

> **注意：**
> 可以使用 Thread 类的 interrupt 方法。

算法分析

(1)创建 MyThread 类，其继承自 Thread 类。

(2)在 MyThread 类的 run 方法中使用 while 循环并结合 Thread 类的 sleep 方法实现从 0 开始每隔 1 秒钟依次循环递增在控制台中输出连续整数，其中 while 循环的条件表达式使用 Thread 类的 isInterrupted 方法，在 sleep 方法的异常处理中需调用 Thread 类的 interrupt 方法来重新设置该线程的中断标志为 true。

(3)创建测试类 ThreadTest 并在 main 方法中创建 MyThread 类的对象 t，启动线程对象 t。

(4)在 main 方法中使用 Thread 类的 sleep 方法让主线程休眠 5 秒钟。

(5)调用 Thread 类的 interrupt 方法中断线程对象 t。

参考代码

```
public class ThreadTest {
    public static void main(String[] args){
        MyThread t=new MyThread();
        t.start();
        try {
            Thread.sleep(5000);
        } catch(InterruptedException e){
            // TODO Auto-generated catch block
            e.printStackTrace();
        }
        t.interrupt();
    }
```

```
}
class MyThread extends Thread {
    public void run(){
        int i=0;
        while(!isInterrupted()){
            System.out.println(i);
            i++;
            try {
                Thread.sleep(1000);
            } catch(InterruptedException e){
                // TODO Auto-generated catch block
                e.printStackTrace();
                interrupt();
            }
        }
    }
}
```

知识点

一、线程的生命周期

1. 生命周期图

根据 Java API 文档，将 Java 线程运行在 JVM 中的状态分成六个状态，如图 8.2 所示。

2. 生命周期状态

1) new 状态

new 这个状态比较简单，我们创建线程时通过 new 方法来创建。刚刚创建好还没有执行 start 方法的线程对象就处于 new 状态，例如下面的线程。

```
NewThread newThread=new NewThread();
```

2) terminated 状态

这个状态也很简单，就是线程执行 run 方法，执行完毕了，那么线程就结束了，也就是图 8.2 里标注的“任务完成”状态。

注意：

一个线程对象只能 start 一次，而且线程结束后，便不能再进入其他状态。

3) runnable 状态

从图 8.2 中可以看出 runnable 状态是其他几个状态的枢纽，而 runnable 状态实际上又可以细分成两种子状态，如图 8.3 所示。

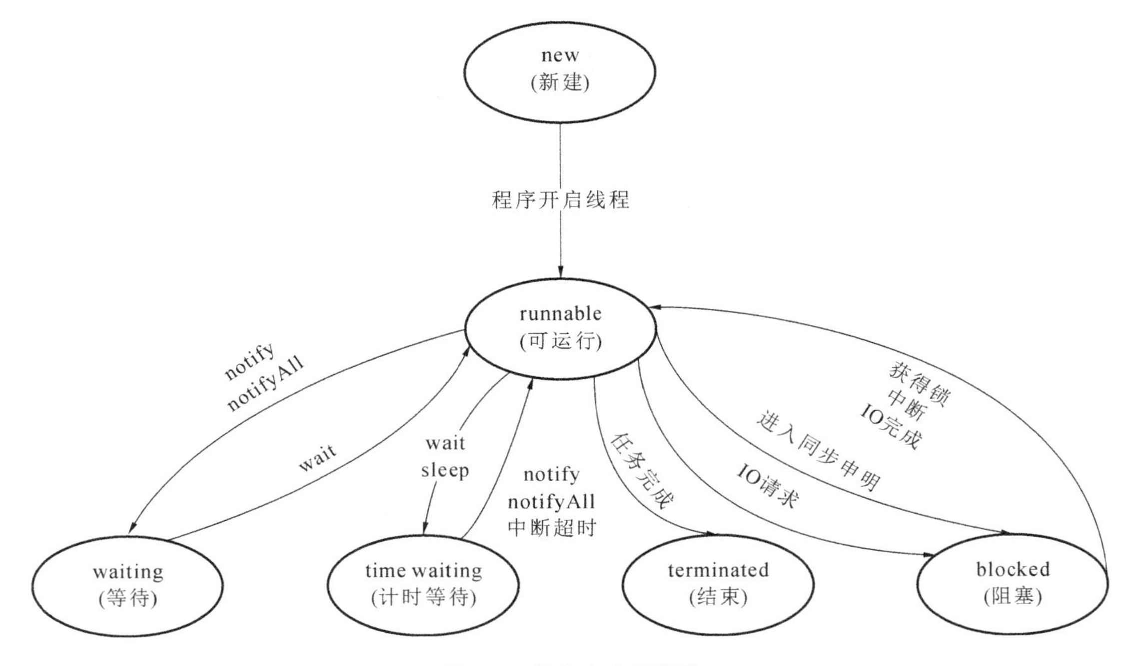

图 8.2 线程生命周期图

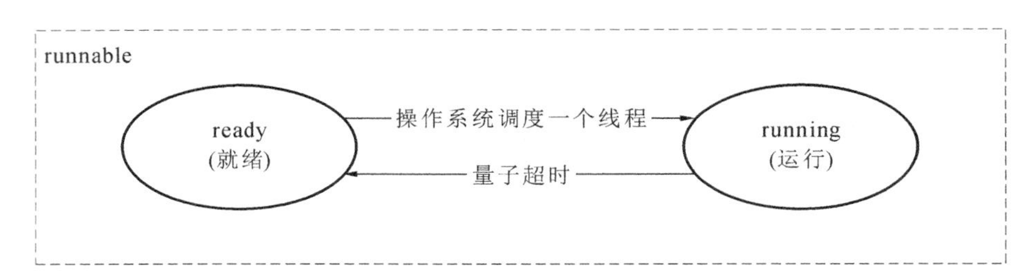

图 8.3 runnable 状态的子状态图

这里的 ready 状态代表该线程准备好了，随时可以由调度器分配给 CPU 执行。running 状态则表示该线程正在占用 CPU，当线程的量子操作结束后，又可能由调度器让出 CPU 进入 ready 状态。

4）waiting 状态

当线程处在 runnable 状态时调用了 wait 方法（不带参数），这时候该线程就进入了 waiting 状态，线程一旦进入了 waiting 状态就不会自己醒来了，必须要别的线程通过 notify 或者 notifyAll 方法来唤醒，不然该线程一直处于 waiting 状态，永远也得不到使用 CPU 的机会。

5）timed waiting 状态

timed waiting 状态和 waiting 状态有些相似，不同的是该状态会有一个时间设置让自己定时醒来，时间一到就进入到 runnable 状态，而这个时间也是在 runnable 状态时候调用 wait(int ms)或者 sleep(int ms)来进入 timed waiting 状态。

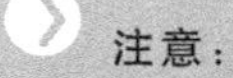

注意：

wait 方法会让当前线程释放线程锁，而 sleep 方法不会。

6)blocked 状态

blocked 状态即阻塞状态，当出现 IO 请求时候该线程会被阻塞掉。另外，图 8.2 中提到了“进入同步申明”状态，这是什么意思呢，举个例子，线程 A 获取 CPU 并进入同步申明状态，那么原来处于 runnable 的 B 资源一时半会没有办法得到 CPU，只能等线程 A 的同步申明执行完毕后，才能有机会获取 CPU，与其等待，不如先进入 blocked 状态，当线程 A 执行完同步申明后再进入 runnable 状态。

二、线程的命名

1. 基本概念

线程的命名即为创建的线程起一个名字。多线程的运行状态是不确定的，那么在程序的开发过程中为了获取一些需要使用的线程就只能够依靠线程的名字来进行操作。

2. 常用方法介绍

1)Thread 类中的构造方法

(1)构造方法一

原型：public Thread(String name)。

说明：分配新的 Thread 对象。这种构造方法与 Thread(null，null，name)具有相同的作用。

参数：name 表示新线程的名称。

(2)构造方法二

原型：public Thread(Runnable target，String name)。

说明：分配新的 Thread 对象。这种构造方法与 Thread(null，target，name)具有相同的作用。

参数：target 表示其 run 方法被调用的对象，name 表示新线程的名称。

2)Thread 类中的 setName 方法

原型：public final void setName(String name)。

说明：改变线程名称，使之与参数 name 相同。首先调用线程的 checkAccess 方法，且不带任何参数。该操作可能会抛出 SecurityException。

参数：name 表示该线程的新名称。

抛出：SecurityException。如果当前线程不能修改该线程时，则抛出该异常。

3)Thread 类中的 getName 方法

原型：public final String getName()。

说明：返回该线程的名称。

返回：该线程的名称。

三、线程的获取

1. 基本概念

线程的获取即获取当前线程对象。对于线程对象的获得是不可能只是依靠一个 this 来完成的，因为线程的状态不可控，但是有一点是明确的，所有的线程一定要执行 run 方法，那么这个时候可以考虑获取当前线程。

2. 常用方法介绍

Thread类中的currentThread方法。

- 原型:public static Thread currentThread()。
- 说明:返回对当前正在执行的线程对象的引用。
- 返回:当前执行的线程。

四、线程的休眠

1. 基本概念

线程休眠即让当前线程从“运行状态”进入到“休眠(阻塞)状态”。

2. 常用方法介绍

1)Thread类中的sleep(long millis)方法

原型:public static void sleep(long millis)throws InterruptedException。

说明:在指定的毫秒数内让当前正在执行的线程休眠(暂停执行),此操作受到系统计时器和调度程序精度和准确性的影响。该线程不会丢失任何监视器的所属权。

参数:millis表示以毫秒为单位的休眠时间。

抛出:InterruptedException。如果任何线程中断了当前线程时,则抛出该异常。当抛出该异常时,当前线程的中断状态被清除。

2)Thread类中的sleep(long millis,int nanos)方法

原型:public static void sleep(long millis,int nanos)throws InterruptedException

说明:在指定的毫秒数加指定的纳秒数内让当前正在执行的线程休眠(暂停执行),此操作受到系统计时器和调度程序精度和准确性的影响。该线程不会丢失任何监视器的所属权。

参数:millis表示以毫秒为单位的休眠时间,nanos表示要休眠的另外0～999999纳秒。

抛出:IllegalArgumentException:如果millis值为负或nanos值不在0～999999范围内时,则抛出该异常。InterruptedException:如果任何线程中断了当前线程时,则抛出该异常;当抛出该异常时,当前线程的中断状态被清除。

五、线程的礼让

1. 基本概念

线程礼让即当前正在运行的线程退出运行状态转到就绪状态,暂时将运行权让给优先级相同或更高的线程。

2. 常用方法介绍

Thread类中的yield方法

原型:public static void yield()。

说明:暂停当前正在执行的线程对象,并执行其他线程。调用该方法后,线程对象处于就绪状态,所以完全有可能当某个线程调用yield()方法后,调度器又把它调度出来重新运行。因此,yeild方法只是一种意愿,不保证行动,谁先执行还要由JVM决定。

六、线程的加入

1. 基本概念

线程加入即把指定的线程加入到当前线程，可以将两个交替执行的线程合并为顺序执行的线程。

2. 常用方法介绍

Thread 类中的 join 方法。

(1)join()。

原型：public final void join()throws InterruptedException。

说明：等待该线程终止。

抛出：InterruptedException。如果任何线程中断了当前线程时，则抛出该异常。当抛出该异常时，当前线程的中断状态被清除。

(2)join(long millis)。

原型：public final void join(long millis)throws InterruptedException。

说明：等待该线程终止的时间最长为 millis(毫秒)。超时为 0 意味着要一直等下去。

参数：millis 表示以毫秒为单位的等待时间。

抛出：InterruptedException。如果任何线程中断了当前线程时，则抛出该异常。当抛出该异常时，当前线程的中断状态被清除。

(3)join(long millis,int nanos)。

原型：public final void join(long millis,int nanos)throws InterruptedException。

说明：等待该线程终止的时间最长为 millis(毫秒)+nanos(纳秒)。

参数：millis 表示以毫秒为单位的等待时间。nanos 表示要等待的 0～999999 附加纳秒。

抛出：IllegalArgumentException：如果 millis 值为负，则 nanos 的值不在 0～999999 范围内，抛出该异常。InterruptedException：如果任何线程中断了当前线程时，则抛出该异常；当抛出该异常时，当前线程的中断状态被清除。

七、线程的中断

1. 基本概念

线程中断是指线程在运行过程中被其他线程给打断了，它是给目标线程发送一个中断信号，如果目标线程没有接收线程中断的信号并结束线程，则线程不会终止，具体是否退出或者执行其他逻辑由目标线程决定。

2. 常用方法介绍

1)Thread 类中的 interrupt 方法

原型：public void interrupt()。

说明：中断线程。如果当前线程没有中断它自己(这在任何情况下都是允许的)，则该线程的 checkAccess 方法就会被调用，这可能会抛出 SecurityException。如果线程在调用 Object 类的 wait()、wait(long)或 wait(long,int)方法，或者该类的 join()、join(long)、join(long,int)、sleep (long)或 sleep(long,int)方法过程中受阻,则其中断状态将被清除,它还将收到一个 InterruptedException。如果该线程在可中断的通道上的 I/O 操作中受阻,则该通道将被关闭,该线程的中断状态将被设置并且该线程将收到一个 ClosedByInterruptException。如果该线程在一个 Selector 中受阻,则该线程的中断状态将被设置,它将立即从选择操作返回,并可能带有一个非零值,就好像调用了选择器的 wakeup 方法一样。如果以前的条件都没有保存,则该线程的中断状态将被设置。中断一个不处于活动状态的线程不需要任何作用。

抛出:SecurityException。如果当前线程无法修改该线程,则抛出该异常。

2)Thread 类中的 interrupted 方法

原型:public static boolean interrupted()。

说明:测试当前线程是否已经中断。线程的中断状态由该方法清除。换句话说,如果连续两次调用该方法,则第二次调用将返回 false(在第一次调用已清除了其中断状态之后,且第二次调用检验完中断状态前,当前线程再次中断的情况除外)。线程中断被忽略,因为在中断时不处于活动状态的线程将由此返回 false 的方法反映出来。

返回:如果当前线程已经中断,则返回 true,否则返回 false。

3)Thread 类中的 isInterrupted 方法

原型:public boolean isInterrupted()。

说明:测试线程是否已经中断。线程的中断状态不受该方法的影响。线程中断被忽略,因为在中断时线程处于不活动的状态,将由此返回 false。

返回:如果该线程已经中断,则返回 true,否则返回 false。

课堂训练

同时创建并启动两个名称为 A 和 B 的线程,线程 A 从 0 开始每隔 2 秒钟依次循环递增在控制台中输出偶数,线程 B 从 1 开始每隔 1 秒钟依次循环递增在控制台中输出奇数。在控制台中,当用户输入 0 时则结束线程 A,当用户输入 1 时则结束线程 A,当用户输入 88 时,则退出程序。

任务3 线程的优先级

任务导入

任务 8.9 有两个名称为 T1 和 T2 的线程,都实现了按照“线程名:i”(其中,i 从 0 到 30)的格式在控制台中依次打印输出的功能。将 T1 的优先级设置为最高,T1 和 T2 同时运行,观察运行结果。

注意:

可以使用 Thread 类的 setPriority 方法。

算法分析

(1)创建 MyThread 类,其继承自 Thread 类。

(2)在 MyThread 类中创建带一个字符串参数的构造方法(用于线程名)。

(3)在 MyThread 类的 run 方法中使用 for 循环实现按照"线程名:i"(其中,i 从 0 到 30)的格式在控制台中依次打印输出的功能。

(4)创建测试类 ThreadTest 并在 main 方法中使用带参构造方法创建线程名为 T1 和 T2 的 MyThread 类的线程对象 t1 和 t2。

(5)调用 Thread 类的 setPriority 方法设置 t1 的优先级为最高。

(6)t1 和 t2 分别调用 start 方法启动线程。

参考代码

```
public class ThreadTest{
    public static void main(String[] args){
        MyThread t1=new MyThread("T1");
        MyThread t2=new MyThread("T2");
        t1.setPriority(Thread.MAX_PRIORITY);
        t1.start();
        t2.start();
    }
}
class MyThread extends Thread{
    public MyThread(String name){
        super(name);
        // TODO Auto-generated constructor stub
    }
    @ Override
    public void run(){
        // TODO Auto-generated method stub
        for(int i=0;i<=30;i++){
            System.out.println(getName()+":"+i);
        }
    }
}
```

知识点

一、线程优先级的基本概念

线程的"优先级"将线程的重要性传递给了调度器。尽管 CPU 处理现有线程集的顺序是不确定的,但是调度器将倾向于让优先权最高的线程先执行。然而,这并不意味着优先权较低的线程将得不到执行(也就是说,优先权不会导致死锁)。优先级较低的线程,仅仅是执行的频率较低。在绝大多数的时间里,所有线程都应该以默认的优先级运行。

JDK 中有 10 个优先级,但它与大多数操作系统都不能很好地映射。例如,Windows 有 7 个优先级且不是固定的,所以这种映射关系也是不确定的。Sun 系统的 Solareis 有 2^{31} 个优先级。唯一可移植的方法是当调整优先级的时候,只使用以下三种级别。

- Thread. MIN_PRIORITY=1
- Thread. NORM_PRIORITY=5
- Thread. MAX_PRIORITY=10

二、线程优先级常用方法介绍

1. Thread 类中的 setPriority 方法

原型:public final void setPriority(int newPriority)。

说明:更改线程的优先级。首先调用线程的 checkAccess 方法,且不带任何参数。这可能会抛出 SecurityException 异常。在其他情况下,线程优先级被设定为指定的 newPriority 和该线程的线程组的最大允许优先级相比较小的一个。

参数:newPriority,表示要为线程设定的优先级。

抛出:IllegalArgumentException:如果优先级不在 MIN_PRIORITY 到 MAX_PRIORITY 范围内,则抛出此异常。SecurityException:如果当前线程无法修改该线程,则抛出此异常。

2. Thread 类中的 getPriority 方法

原型:public final int getPriority()。

说明:返回线程的优先级。

返回:该线程的优先级。

3. Thread 类中的 checkAccess 方法

原型:public final void checkAccess()。

说明:判定当前运行的线程是否有权修改该线程。如果有安全管理器,则调用其 checkAccess 方法,并将该线程作为其参数。这可能导致抛出 SecurityException 异常。

抛出:SecurityException。如果不允许当前线程访问该线程,则抛出此异常。

任务 4 线程同步的方法

任务导入

任务 8.10 使用线程实现模拟火车票售票程序,一共 10 张票,出票操作之前线程休眠 1 秒,每出完一张票,在控制台中打印输出当前所剩票数,依次循环直到票数为 0,同时开启 4 个线程模拟 4 个窗口同时售票。实现程序,观察运行结果,发现问题。

算法分析

(1)创建 ThreadSafeTest 类,实现 Runnable 接口。在该类中定义 int 型 num 属性(代表票数)并初始化为 10。

(2)在实现的 run 方法中使用 while 循环进行售票流程控制。循环表达式为 true,循环体设计为先让线程休眠 1 秒钟,接着判断票数如果大于 0 则在控制台中输出当前售票窗口及还剩票数信息(先减 1),模拟售票动作,如果票数小于等于 0 则结束循环。

(3)在 ThreadSafeTest 类中添加 main 方法,创建 ThreadSafeTest 类的 4 个线程对象并同时开启。

参考代码

```
public class ThreadSafeTest implements Runnable {
    int num=10;
    public void run(){
        while(true){
            try {
                Thread.sleep(1000);
            } catch(Exception e){
                e.printStackTrace();
            }
            if(num>0)
                System.out.println("窗口:"+Thread.currentThread().getName()+"
当前还剩票数"+--num);
            else
                break;
        }
    }
    public static void main(String[] args){
        ThreadSafeTest t=new ThreadSafeTest();
        Thread tA=new Thread(t);
        Thread tB=new Thread(t);
        Thread tC=new Thread(t);
        Thread tD=new Thread(t);
        tA.start();
        tB.start();
        tC.start();
        tD.start();
    }
}
```

任务 8.11 使用同步代码块解决任务 8.10 中的问题。

算法分析

(1)创建 ThreadSafeTest 类,实现 Runnable 接口。在该类中定义 int 型 num 属性(代表票数)并初始化为 10。

(2)在实现的 run 方法中使用 while 循环进行售票流程控制。循环表达式为 true,循环体设计为先让线程休眠 1 秒钟,接着使用 synchronized 代码块封装"判断票数如果大于 0 则在控制台中输出当前售票窗口及还剩票数信息(先减 1),模拟售票动作,如果票数小于等于 0 则结束循环"动作。

(3)在 ThreadSafeTest 类中添加 main 方法,创建 ThreadSafeTest 类的 4 个线程对象并同时开启。

参考代码

```
public class ThreadSafeTest implements Runnable {
    int num=10;
    public void run(){
        while(true){
            try {
                Thread.sleep(1000);
            } catch(Exception e){
            e.printStackTrace();
        }
        synchronized(""){
            if(num>0)
                System.out.println("窗口:"+Thread.currentThread().getName()+"
当前还剩票数"+--num);
            else
                break;
        }
    }
}
public static void main(String[] args){
    ThreadSafeTest t=new ThreadSafeTest();
    Thread tA=new Thread(t);
    Thread tB=new Thread(t);
    Thread tC=new Thread(t);
    Thread tD=new Thread(t);
    tA.start();
    tB.start();
    tC.start();
    tD.start();
  }
}
```

任务 8.12 使用同步方法解决任务 8.10 中的问题。

算法分析

(1)创建 ThreadSafeTest 类,实现 Runnable 接口。在该类中定义 int 型 num 属性(代表票数)并初始化为 10。

(2)创建带 synchronized 关键字返回值为 boolean 类型的 sell 方法。在该方法体中判断票数如果大于 0 则在控制台中输出当前售票窗口及还剩票数信息(先减 1),模拟售票动作并返回 true,如果票数小于等于 0 则返回 false。

(3)在实现的 run 方法中使用 while 循环进行售票流程控制,循环表达式为 sell 方法,循环体设计为线程休眠 1 秒钟。

(4)在 ThreadSafeTest 类中添加 main 方法,创建 ThreadSafeTest 类的 4 个线程对象并同时开启。

参考代码

```
public class ThreadSafeTest implements Runnable {
    int num=10;
    public synchronized boolean sell(){
        if(num>0){
            System.out.println("窗口:"+Thread.currentThread().getName()+"当前
还剩票数"+--num);
            return true;
        } else
            return false;
    }
    public void run(){
        while(sell()){
            try {
                Thread.sleep(1000);
            } catch(Exception e){
                e.printStackTrace();
            }
        }
    }
    public static void main(String[] args){
        ThreadSafeTest t=new ThreadSafeTest();
        Thread tA=new Thread(t);
        Thread tB=new Thread(t);
        Thread tC=new Thread(t);
        Thread tD=new Thread(t);
        tA.start();
        tB.start();
        tC.start();
        tD.start();
```

```
        }
    }
```

任务 8.13 使用对象锁解决任务 8.10 中的问题。

算法分析

(1)创建 ThreadSafeTest 类，实现 Runnable 接口。在该类中定义 int 型 num 属性(代表票数)并初始化为 10。

(2)在 ThreadSafeTest 类中定义 Lock 类型的属性并创建对象。

(3)在实现的 run 方法中使用 while 循环进行售票流程控制。循环表达式为 true，循环体设计为先让线程休眠 1 秒钟，接着在“判断票数如果大于 0 则在控制台中输出当前售票窗口及还剩票数信息(先减 1)，模拟售票动作，如果票数小于等于 0 则结束循环”动作的前后分别使用 Lock 类的 lock 与 unlock 方法进行加锁与解锁操作。

(4)在 ThreadSafeTest 类中添加 main 方法，创建 ThreadSafeTest 类的 4 个线程对象并同时开启。

参考代码

```
import java.util.concurrent.locks.Lock;
import java.util.concurrent.locks.ReentrantLock;
public class ThreadSafeTest implements Runnable {
    int num=10;
    Lock lock=new ReentrantLock();
    public void run(){
        while(true){
            try {
                Thread.sleep(1000);
            } catch(Exception e){
                e.printStackTrace();
            }
            lock.lock();
                if(num> 0)
                    System.out.println("窗口:"+Thread.currentThread().getName
()+"当前还剩票数"+--num);
                else
                    break;
            lock.unlock();
        }
    }
    public static void main(String[] args){
        ThreadSafeTest t=new ThreadSafeTest();
        Thread tA=new Thread(t);
        Thread tB=new Thread(t);
        Thread tC=new Thread(t);
```

```
        Thread tD=new Thread(t);
        tA.start();
        tB.start();
        tC.start();
        tD.start();
    }
}
```

任务 8.14 基于任务 8.10 的场景，创建并同时运行两个线程，其中一个负责售票（消费者），另一个负责制票（生产者），预制有 10 张票，一次售一张票直到票数为 0，当票数少于等于 5 时需要开始制票。请使用 Object 类的 wait 和 notify 方法解决“生产者”和“消费者”的同步问题。

> **注意：**
> 使用线程 sleep 随机时长的方式模拟售票与制票活动。

算法分析

（1）创建 Ticket 类，定义 int 型 num 属性（代表票数）并初始化为 10。

（2）在 Ticket 类中定义同步方法 consume，该方法首先使用 while 循环判断，如果票数小于等于 0 则一直循环，在循环体中调用 Object 类的 wait 方法；接着在控制台中输出当前所剩票数信息（先减 1），模拟售票动作；最后调用 Object 类的 notify 方法。

（3）在 Ticket 类中定义同步方法 produce，该方法首先使用 while 循环判断，如果票数大于 5 则一直循环，在循环体中调用 Object 类的 wait 方法；接着在控制台中输出当前所剩票数信息（先加 1），模拟制票动作；最后调用 Object 类的 notify 方法。

（4）创建 Consumer 类，实现 Runnable 接口。在该类中定义 Ticket 类型属性，创建带一个参数的构造方法。在实现的 run 方法中使用 while(true) 循环结构控制售票流程，循环体中先调用 Ticket 类的 consume 方法，接着让线程在 0 到 1 秒之间随机休眠一段时间。

（5）创建 Producer 类，实现 Runnable 接口。在该类中定义 Ticket 类型属性，创建带一个参数的构造方法。在实现的 run 方法中使用 while(true) 循环结构控制制票流程，循环体中先调用 Ticket 类的 produce 方法，接着让线程在 0 到 1 秒之间随机休眠一段时间。

（6）创建测试类 ThreadSafeTes，在 main 方法中先创建 Ticket 类对象，再通过 Ticket 类对象创建 Consumer 和 Producer 类对象，接着创建 Consumer 和 Producer 类的线程对象并同时启动。

参考代码

```
public class ThreadSafeTes {
    public static void main(String[] args){
        Ticket ticket=new Ticket();
        Consumer c=new Consumer(ticket);
        Producer p=new Producer(ticket);
```

```
        Thread c1=new Thread(c);
        Thread p1=new Thread(p);
        c1.start();
        p1.start();
    }
}
class Consumer implements Runnable {
    private Ticket ticket;
    public Consumer(Ticket ticket){
        super();
        this.ticket=ticket;
    }
    @ Override
    public void run(){
        // TODO Auto-generated method stub
        while(true){
            ticket.consume();
            try {
                Thread.sleep((long)(1000 * Math.random()));
            } catch(Exception e){
                e.printStackTrace();
            }
        }
    }
}
class Producer implements Runnable {
    private Ticket ticket;
    public Producer(Ticket ticket){
        super();
        this.ticket=ticket;
    }
    @ Override
    public void run(){
        // TODO Auto-generated method stub
        while(true){
            ticket.produce();
            try {
                Thread.sleep((long)(1000 * Math.random()));
            } catch(Exception e){
                e.printStackTrace();
            }
        }
```

```
    }
}
class Ticket {
    int num=10;
    public synchronized void consume(){
        while(num<=0){
            System.out.println("消费者-等待");
            try {
                this.wait();
            } catch(InterruptedException e){
                // TODO Auto-generated catch block
                e.printStackTrace();
            }
        }
        System.out.println("消费者-当前还剩票数:"+--num);
        this.notify();
    }
    public synchronized void produce(){
        while(num>5){
            System.out.println("生产者-等待");
            try {
                this.wait();
            } catch(InterruptedException e){
                // TODO Auto-generated catch block
                e.printStackTrace();
            }
        }
        System.out.println("生产者-当前还剩票数:"+++num);
        this.notify();
    }
}
```

知识点

一、线程同步基本概念

多线程并发执行时，多个线程同时请求同一个资源，必然导致此资源的数据不安全，A线程修改了B线程处理的数据，而B线程又修改了A线程处理的数据。显然这是由于全局资源造成的，有时为了解决此问题，优先考虑使用局部变量，退而求其次使用同步代码块、同步方法、对象锁等方式，出于这样的安全考虑就必须牺牲系统处理性能，将它们加在多线程并发时资源争夺最激烈的地方，这就实现了线程的同步机制。

同步：A线程要请求某个资源，但是此资源正在被B线程使用中，因为同步机制存在，A线程请求不到，怎么办，A线程只能等待下去。

异步：A线程要请求某个资源，但是此资源正在被B线程使用中，因为没有同步机制存在，A线程仍然请求的到，A线程无须等待。

显然，同步是最安全，最保险的。而异步不安全，容易导致死锁，这样一个线程死掉就会导致整个进程崩溃，但没有同步机制的存在，性能会有所提升。

二、线程同步常用方法介绍

1. 同步代码块

将线程体内执行的方法中会操作到共享数据的语句封装在{ }之内，然后用synchronized放在某个对象前面修饰这个代码块。其具体语法格式如下。

```
synchronized(非匿名的任意对象){
    线程要操作的共享数据
}
```

2. 同步方法

synchronized放在方法声明中，表示整个方法为同步方法。其具体语法格式如下。

```
void synchronized 方法名(){
    线程要操作的共享数据
}
```

3. 对象锁

同步机制的实现主要是利用到了“对象锁”。前面所说的synchronized方式本质上是利用JVM内部使用的对象锁机制。举个例子，我们可以使用电话亭来解释对象锁。假设有一个带锁的电话亭，当一个线程运行synchronized同步代码块或者synchronized同步方法时，它便进入电话亭并将它锁起来。当另一个线程试图运行同一个对象上的synchronized同步代码块或者synchronized同步方法时，它无法打开电话亭的门，只能在门口等待，直到第一个线程退出synchronized同步代码块或者synchronized同步方法并打开锁后，它才有机会进入这个电话亭。整个过程中JVM会根据synchronized关键字来获取锁并能够自动进行释放锁的操作。

在JDK 1.5以后，Java提供了另外一种显示加锁机制，即使用java. util. concurrent. locks. Lock接口提供的lock()方法来获取锁，用unlock()方法来释放锁。在实现线程安全的控制中，通常会使用可重入锁ReentrantLock实现类来完成这个功能。其具体语法格式如下。

```
import java.util.concurrent.locks.ReentrantLock;
public class 类名{
    ……
    private Lock lock=new ReentrantLock(); //创建 Lock 实例
    public 方法(){
```

```
        ……
        lock.lock();// 获取锁
        线程要操作的共享数据
        lock.unlock();// 释放锁
        ……
    }
    ……
}
```

Lock 和 synchronized 的区别如下。

(1)Lock 是一个接口,不是 Java 语言内置的,synchronized 是 Java 语言内置的关键字。

(2)Lock 与 synchronized 有一点非常大的不同:采用 synchronized 不需要用户区手动释放锁,当 synchronized 方法或者 synchronized 代码块执行完之后,系统会自动让线程释放对锁的占用;而 Lock 则必须要用户手动释放锁,如果没有主动释放锁,就有可能导致出现死锁。

4. wait 和 notify 方法

JDK 在 Object 对象中提供了两个非常重要的接口线程方法:wait 方法和 notify 方法。所有 Java 对象都可以使用这两个方法,当在一个实例 Java 对象上调用 wait 方法,那么当前线程就会从执行状态转变成等待状态,同时释放在实例对象上的锁,直到其他线程在刚才那个实例对象上调用 notify 方法并且释放实例对象上的锁,那么刚才那个当前线程才会再次获取实例对象锁并且继续执行。这样我们通过 Object 对象就可以让多线程之间进行有效通信。

那么这两个方法是如何工作的呢? 比如我们有一个 person 对象,如果一个线程 T1 调用 person. wait(),那么这个线程 a 就会进入 person 对象的等待队列。在这个等待队列中可能还有线程 T2、线程 T3、线程 T4,因为系统可能通过 4 个线程来等待 person 实例对象,当我们调用 person. notify()方法,它就会从这个等待队列中随机选一个线程,并将其唤醒,在这里这个选择是不公平的,也就是选择线程 T1、T2、T3、T4 是随机的,当然了也可以调用 person. notifyAll()方法,这个方法会把线程 T1、T2、T3、T4 全部唤醒。

注意:

person. wait()方法并不是随便调用的,它必须包含在对应的 synchronized 中,无论是 wait 方法还是 notify 方法都需要首先获取目标对象上的一个锁,其具体原理如图 8.4 和图 8.5 所示。

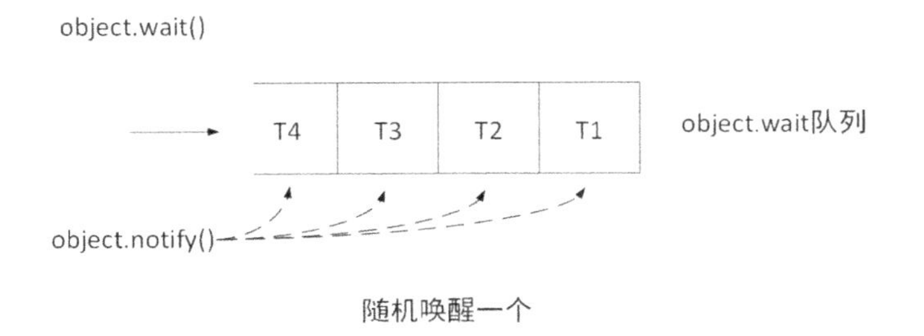

图 8.4 wait & notify 原理图

具体语法格式如图 8.6 所示。

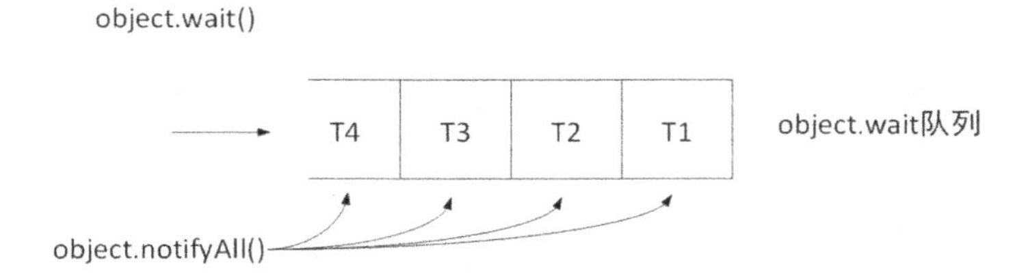

图 8.5 wait & notifyAll 原理图

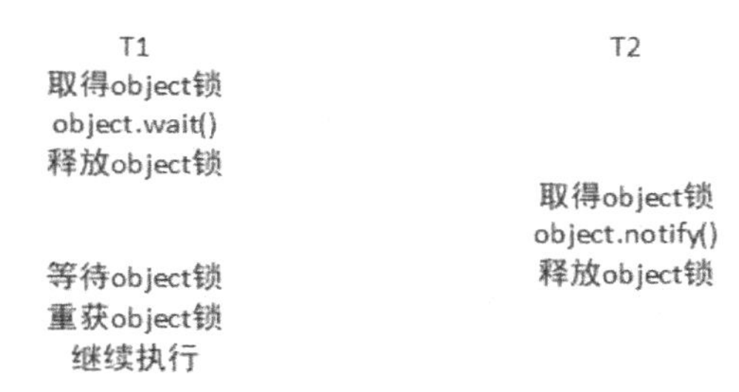

图 8.6 wait & notify 的语法格式

课堂训练

子线程循环 2 次，主线程循环 2 次，然后子线程循环 2 次，主线程循环 2 次，这样循环 10 次。

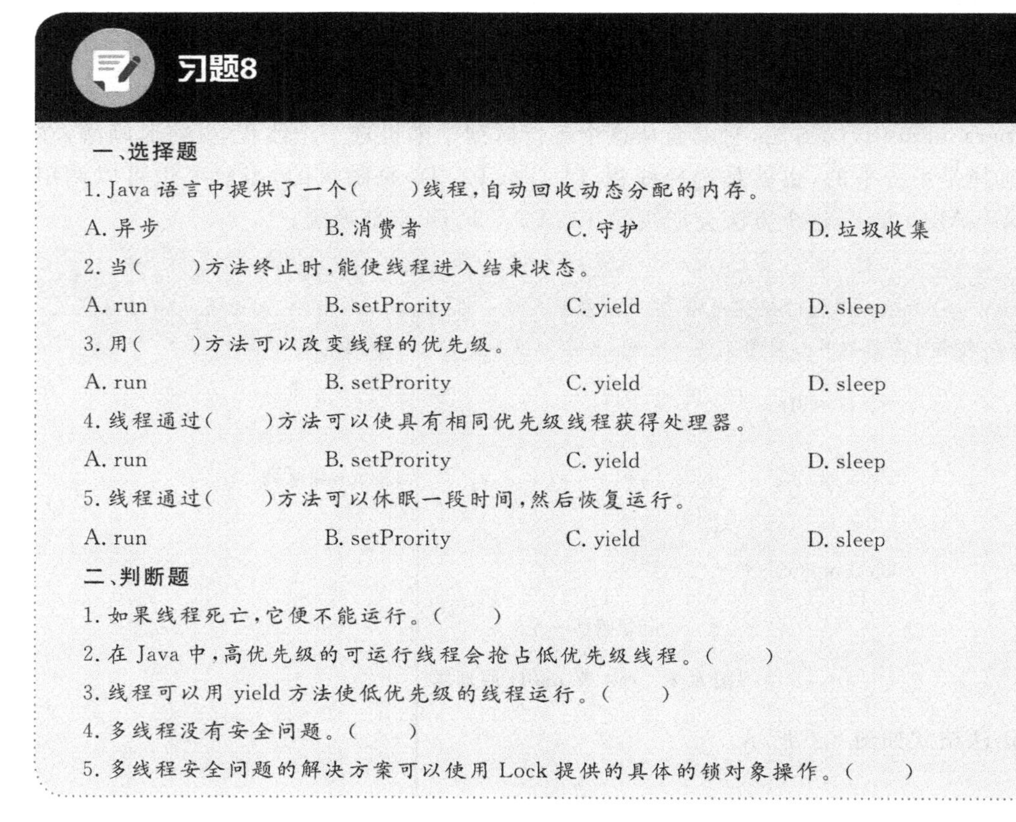

习题8

一、选择题

1. Java 语言中提供了一个( )线程，自动回收动态分配的内存。

A. 异步　　B. 消费者　　C. 守护　　D. 垃圾收集

2. 当( )方法终止时，能使线程进入结束状态。

A. run　　B. setPrority　　C. yield　　D. sleep

3. 用( )方法可以改变线程的优先级。

A. run　　B. setPrority　　C. yield　　D. sleep

4. 线程通过( )方法可以使具有相同优先级线程获得处理器。

A. run　　B. setPrority　　C. yield　　D. sleep

5. 线程通过( )方法可以休眠一段时间，然后恢复运行。

A. run　　B. setPrority　　C. yield　　D. sleep

二、判断题

1. 如果线程死亡，它便不能运行。( )

2. 在 Java 中，高优先级的可运行线程会抢占低优先级线程。( )

3. 线程可以用 yield 方法使低优先级的线程运行。( )

4. 多线程没有安全问题。( )

5. 多线程安全问题的解决方案可以使用 Lock 提供的具体的锁对象操作。( )

三、编程题

1. 设计四个线程，其中两个线程每次对变量 i 加 1，另外两个线程每次对 i 减 1。

2. 现在有 T1、T2、T3 三个线程，怎样保证 T2 在 T1 执行完后执行，T3 在 T2 执行完后执行？

单元 9 Java 数据库操作

知识目标

(1)掌握使用 SQL 语句创建表的方法。

(2)掌握使用 SQL 语句进行插入、修改、删除和查询数据的方法。

(3)了解 JDBC 访问数据库的结构和原理。

(4)掌握 JDBC 操作数据库的步骤和方法。

能力目标

具有使用 JDBC 操作数据库的能力。

任务 1 使用 SQL 语句管理表

任务导入

任务 9.1 使用 SQL 语句创建数据库(jxgl)。在数据库中创建一张学生表(student),由学号(id)、姓名(name)、性别(sex)、年龄(age)、家庭住址(address)等五个属性组成,其中将学号设为主键。

参考代码

```
create database jxgl;     /* 创建数据库 jxgl * /
use jxgl;     /* 选择数据库 jxgl 为当前数据库 * /
create table student(      /* 创建学生表 student * /
id char(12)primary key,
name varchar(20),
sex char(2),
age int,
address varchar(40)
);
```

一、创建数据库

数据库可以看成是一个存储数据对象的容器，这些数据对象包括表、视图、触发器、存储过程等。因此，必须先创建数据库，然后才能创建其他数据对象。

MySQL 中，创建数据库是使用 CREATE DATABASE 实现的。其语法格式如下。

```
CREATE TABLE 数据库名；
```

二、打开数据库

创建了数据库以后可以用 USE 命令指定它为当前数据库来使用它。其语法格式如下。

```
USE 数据库名；
```

三、删除数据库

删除已经创建的数据库可以使用 DROP DATABASE 命令。其语法格式如下。

```
DROP DATABASE 数据库名；
```

四、创建表

创建表是指在已存在的数据库中建立新表。这是建立数据库最重要的一步，是进行其他表操作的基础。

MySQL 中，创建表是通过 SQL 语句 CREATE TABLE 实现的。其语法格式如下。

```
CREATE TABLE 表名(
属性名 数据类型 [完整性约束条件],
属性名 数据类型 [完整性约束条件],
……
属性名 数据类型
)；
```

五、查看表基本结构

MySQL 中，DESCRIBE 语句可以查看表的基本定义。其中包括：字段名、字段数据类型、是否为主键和默认值等。DESCRIBE 语句的语法格式如下。

```
DESCRIBE 表名；
```

六、删除表

删除表是指删除数据库中已存在的表。删除表时，会删除表中的所有数据。因此，在删除表时要特别注意。MySQL 中通过 DROP TABLE 语句来删除表的，其语法格式如下。

```
DROP TABLE 表名；
```

任务2 使用SQL实现数据更新和数据查询

任务导入

任务9.2 在任务9.1的学生表(student)中插入表9.1中的数据。

表9.1 学生表(student)的结构和数据

学号	姓名	性别	年龄	家庭住址
201611322101	张明	男	18	湖北省武汉市
201611322102	李刚	男	17	江西省南昌市
201611322103	王芳	女	19	江苏省南京市

参考代码

```
/* 一次插入一条数据* /
insert into student values('201611322101','张明','男',18,'湖北省武汉市');
/* 一次插入多条数据* /
insert into student values
('201611322102','李刚','男',17,'江西省南昌市'),
('201611322103','王芳','女',19,'江苏省南京市');
/* 数据插入完毕后,查询表中当前所有记录* /
select * from student;
```

任务9.3 在学生表(student)中完成如下操作。

(1)将学号(id)为201611322103的学生的家庭住址(address)修改为江苏省无锡市。

(2)删除表中性别(sex)为男的学生信息。

参考代码

```
/* 修改数据* /
update student set address='江苏省无锡市' where id='201611322103';
/* 删除数据* /
delete from student where sex='男';
/* 完成数据更新、数据删除操作后,查看表中现有的数据情况* /
select * from student;
```

知识点

一、插入数据

插入数据是向表中插入新的记录。通过这种方式可以为表中增加新的数据。MySQL

中，通过 INSERT 语句来插入新的数据。使用 INSERT 语句可以同时为表的所有字段插入数据，也可以为表的指定字段插入数据，还可以同时插入多条记录。

1. 为表中的所有字段插入数据

通常情况下，插入的新记录要包含表的所有字段。INSERT 语句有两种方式可以同时为表的所有字段插入数据：第一种方式是不指定具体的字段名；第二种方式是列出表的所有字段。其中，任务 9.2 中就是采取的第一种方式。

2. 为表中指定字段插入数据

如果 NSERT 语句只是指定部分字段，这就可以为表中的部分字段插入数据了。其基本语句格式如下。

```
INSERT INTO 表名(属性 1,属性 2,…,属性 m)VALUES(值 1,值 2,…,值 m);
```

3. 同时插入多条数据

同时插入多条记录是指一个 INSERT 语句插入多条记录。当用户需要插入好几条记录时，用户可以使用上面两个小节中的方法逐条插入记录。但是，每次都要写一个新的 INSERT 语句，这样比较麻烦。MySQL 中，一个 INSERT 语句可以同时插入多条记录。其基本语法格式如下。

```
INSERT INTO 表名 [(属性列表)]
VALUES(取值列表 1),(取值列表 2),
…,
(取值列表 n);
```

二、数据更新

更新数据是更新表中已经存在的记录。通过这种方式可以改变表中已经存在的数据。例如，学生表中某个学生的家庭住址改变了，这就需要在学生表中修改该同学的家庭地址。MySQL 中，通过 UPDATE 语句来更新数据。UPDATE 语句的基本语法格式如下。

```
UPDATE 表名
SET 属性名 1= 取值 1,属性名 2= 取值 2,
…,
属性名 n=取值 n
[WHERE 条件表达式];
```

三、数据删除

删除数据是删除表中已经存在的记录。通过这种方式可以删除表中不再使用的记录。例如，学生表中某个学生退学了，这就需要从学生表中删除该同学的信息。MySQL 中，通过 DELETE 语句来删除数据。DELETE 语句的基本语法格式如下。

```
DELETE FROM 表名 [WHERE 条件表达式];
```

四、数据查询

查询数据是数据库操作中最常用的操作。通过对数据库的查询，用户可以从数据库中获取需要的数据。数据库中可能包含着无数的表，表中可能包含着无数的记录。因此，要获得所需的数据并非易事。MySQL中可以使用SELECT语句来查询数据。根据查询的条件的不同,数据库系统会找到不同的数据。通过SELECT语句可以很方便地获取所需的信息。在MySQL中,SELECT的基本语法格式如下。

```
SELECT 属性列表 FROM 表名 [WHERE 条件表达式];
```

任务3 使用JDBC操作数据库

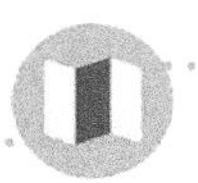

任务导入

任务9.4 在jxgl数据库中,有一张学生表(student),表的结构与数据如任务9.2中表9.1所示。使用JDBC访问数据库,查询表中的全部学生信息,并在Java控制台中输出。

算法分析

(1)加载MySQL数据库驱动程序类。

(2)建立一个数据库的连接。

(3)创建一个Statement对象。

(4)调用Statement对象的executeQuery方法,执行SQL查询语句,获取查询结果集Result对象。

(5)利用循环,通过调用ResultSet对象的next方法移动光标,每次获取查询结果集中一行的数据,当next方法返回false时,说明不存在下一行,循环结束。

(6)关闭JDBC对象。

参考代码

```
import java.sql.Connection;
import java.sql.DriverManager;
import java.sql.ResultSet;
import java.sql.SQLException;
import java.sql.Statement;
public class Demo1 {
    public static void main(String[] args){
        //设定url
        String url="jdbc:mysql://localhost:3306/jxgl";
        String user="root";
        String password="myroot";
        try{
            //加载MySQL数据库驱动程序类
            Class.forName("com.mysql.jdbc.Driver");
            //建立一个数据库的连接
            Connection conn=DriverManager.getConnection(url,user,password);
```

```
            //创建一个 Statement 对象
            Statement stmt=conn.createStatement();
            //调用 Statement 对象的 executeQuery 方法,执行 SQL 查询语句,获取查询结
果集 Result 对象
            ResultSet rs=stmt.executeQuery("select * from student");
            //利用循环,通过调用 ResultSet 对象的 next 方法移动光标,每次获取查询结
果集中一行的数据,当 next 方法返回 false 时,说明不存在下一行,循环结束
            while(rs.next()){
                System.out.println("学号:"+rs.getString("id"));
                System.out.println("姓名:"+rs.getString("name"));
                System.out.println("性别:"+rs.getString("sex"));
                System.out.println("年龄:"+rs.getInt("age"));
                System.out.println("家庭住址:"+rs.getString("address"));
                System.out.println("-------------------- ");
            }
            //关闭查询结果集
            rs.close();
            //关闭载体
            stmt.close();
            //关闭连接
            conn.close();
        }catch(ClassNotFoundException e){
            e.printStackTrace();
        }catch(SQLException e){
            e.printStackTrace();
        }
    }
}
```

运行任务 9.4 中的程序,运行结果如图 9.1 所示。

```
Problems  Javadoc  Declaration  Console
<terminated> Demo1 [Java Application] C:\Program Files (x86)\Java\jre6\bin\javaw.exe
学号:201611322101
姓名:张明
性别:男
年龄:18
家庭住址:湖北省武汉市
------------------------------------
学号:201611322102
姓名:李刚
性别:男
年龄:17
家庭住址:江西省南昌市
------------------------------------
学号:201611322103
姓名:王芳
性别:女
年龄:19
家庭住址:江苏省南京市
------------------------------------
```

图 9.1 任务 9.4 的运行结果

任务 9.5 在 jxgl 数据库中，有一张学生表(student)，表的结构和数据如任务 9.2 中表 9.1 所示。使用 JDBC 访问数据库，通过键盘输入学生学号(如“201611322101”)，筛选出该学生的基本信息，对不存在此学生学号的输入值，输出信息“不存在此学生”。

算法分析

(1)从键盘输入要查询的学生学号。

(2)加载 MySQL 数据库驱动程序类。

(3)建立一个数据库的连接。

(4)创建一个 Statement 对象。

(5)调用 Statement 对象的 executeQuery 方法，执行 SQL 查询语句，获取查询结果集对象。

(6)通过调用 ResultSet 对象的 isFirst 方法检测光标是否位于此 ResultSet 对象的第一行。如果此方法返回 true，说明查询结果集中有数据，存在符合查询条件的记录；如果此方法返回 false，说明查询结果集为空，即没有任何数据，不存在符合查询条件的记录。

(7)关闭 JDBC 对象。

参考代码

```
import java.sql.Connection;
import java.sql.DriverManager;
import java.sql.ResultSet;
import java.sql.SQLException;
import java.sql.Statement;
import java.util.Scanner;
public class Demo2 {
    public static void main(String[] args){
        System.out.print("请输入要查询的学生学号:");
        Scanner input=new Scanner(System.in);
        //从键盘输入要查询的学生学号
        String no=input.next();
        //设定 url
        String url="jdbc:mysql://localhost:3306/jxgl";
        String user="root";
        String password="myroot";
        try{
            //加载 MySQL 数据库驱动程序类
            Class.forName("com.mysql.jdbc.Driver");
            //建立一个数据库的连接
            Connection conn=DriverManager.getConnection(url,user,password);
            //创建一个 Statement 对象
            Statement stmt=conn.createStatement();
```

```
            //查询指定学号的学生信息
            String sql="select * from student where id='"+no+"'";
            //调用 Statement 对象的 executeQuery 方法,执行 SQL 查询语句,获取查询结果集 Result 对象
            ResultSet rs=stmt.executeQuery(sql);
            //将光标从当前位置向下移一行,因为 ResultSet 光标最初位于第一行之前
            rs.next();
            //通过调用 ResultSet 对象的 isFirst 方法检测光标是否位于此 ResultSet 对象的第一行。如果此方法返回 true,说明查询结果集中有数据,存在符合查询条件的记录;如果此方法返回 false,说明查询结果集为空,即没有任何数据,不存在符合查询条件的记录
            if(rs.isFirst()){
                System.out.println("学号:"+rs.getString("id"));
                System.out.println("姓名:"+rs.getString("name"));
                System.out.println("性别:"+rs.getString("sex"));
                System.out.println("年龄:"+rs.getInt("age"));
                System.out.println("家庭住址:"+rs.getString("address"));
            }else{
                System.out.println("不存在此学生");
            }
            //关闭查询结果集
            rs.close();
            //关闭载体
            stmt.close();
            //关闭连接
            conn.close();
        }catch(ClassNotFoundException e){
            e.printStackTrace();
        }catch(SQLException e){
            e.printStackTrace();
        }
    }
}
```

运行任务 9.5 中的程序,运行结果如图 9.2 和图 9.3 所示。

```
Problems @ Javadoc Declaration Console
<terminated> Demo3 [Java Application] C:\Program Files\Java\jre6\bin\javaw.exe (2019-9-10 上午12:34:11)
请输入要查询的学生学号:201611322101
该学生的基本信息如下:
学号:201611322101
姓名:张明
性别:男
年龄:18
家庭住址:湖北省武汉市
```

图 9.2 当要查询的学生学号存在时,任务 9.5 的运行结果

```
Problems  @ Javadoc  Declaration  Console
<terminated> Demo3 [Java Application] C:\Program Files\Java\jre6\bin\javaw.exe (2019-9-10 上午12:34:50)
请输入要查询的学生学号:201611322108
不存在此学生
```

图 9.3　当要查询的学生学号不存在时，任务 9.5 的运行结果

任务 9.6　在 jxgl 数据库中，有一张学生表(student)，表的结构和数据如任务 9.2 中表 9.1 所示。使用 JDBC 操作数据库，完成如下操作，并将最终结果按照学号的降序在 Java 控制台中输出。

(1)假设班级转入一名新同学，试向学生表中增加该同学信息。学号：201611322104，姓名：张娜，性别：女，年龄：18，家庭住址：湖北省黄石市。

(2)假设学号为“201611322102”的学生退学了，试在学生表中删除该同学信息。

(3)假设学号为“201611322103”的学生家庭住址发生了变更，变更后的家庭住址为“广东省广州市”。

算法分析

(1)加载 MySQL 数据库驱动程序类。

(2)建立一个数据库的连接。

(3)创建一个 Statement 对象。

(4)调用 Statement 对象的 executeUpdate 方法，执行 SQL 的 INSERT 语句，插入数据。

(5)调用 Statement 对象的 executeUpdate 方法，执行 SQL 的 DELETE 语句，删除数据。

(6)调用 Statement 对象的 executeUpdate 方法，执行 SQL 的 UPDATE 语句，更新数据。

(7)调用 Statement 对象的 executeQuery 方法，执行 SQL 查询语句，获取查询结果集 Result 对象。

(8)利用循环，通过调用 ResultSet 对象的 next 方法移动光标，每次获取查询结果集中一行的数据，当 next 方法返回 false 时，说明不存在下一行，循环结束。

(9)关闭 JDBC 对象。

参考代码

```
import java.sql.Connection;
import java.sql.DriverManager;
import java.sql.ResultSet;
import java.sql.SQLException;
import java.sql.Statement;
public class Demo3 {
    public static void main(String[] args){
        //设定 url
        String url="jdbc:mysql://localhost:3306/jxgl";
        String user="root";
```

```
        String password="myroot";
        try{
            //加载 MySQL 数据库驱动程序类
            Class.forName("com.mysql.jdbc.Driver");
            //建立一个数据库的连接
            Connection conn=DriverManager.getConnection(url,user,password);
        //创建一个 Statement 对象
        Statement stmt=conn.createStatement();
        String sql="insert into student values('201611322104','张娜','女',18,'湖
北省黄石市')";
        //调用 Statement 对象的 executeUpdate 方法,执行 SQL 的 INSERT 语句,插入数据
        stmt.executeUpdate(sql);
        sql="delete from student where id='201611322102'";
        //调用 Statement 对象的 executeUpdate 方法,执行 SQL 的 DELETE 语句,删除数据
        stmt.executeUpdate(sql);
        sql="update student set address='广东省广州市' where id='201611322103'";
        //调用 Statement 对象的 executeUpdate 方法,执行 SQL 的 UPDATE 语句,更新数据
        stmt.executeUpdate(sql);
        //查询全部学生信息,并按照学号的降序进行排序
        sql="select * from student order by id desc";
        //调用 Statement 对象的 executeQuery 方法,执行 SQL 查询语句,获取查询结果集
Result 对象
        ResultSet rs=stmt.executeQuery(sql);
        System.out.println("最终结果:");
        System.out.println("------------------------ ");
        //利用循环,通过调用 ResultSet 对象的 next 方法移动光标,每次获取查询结果集
中一行的数据,当 next 方法返回 false 时,说明不存在下一行,循环结束
        while(rs.next()){
            System.out.println("学号:"+rs.getString("id"));
            System.out.println("姓名:"+rs.getString("name"));
            System.out.println("性别:"+rs.getString("sex"));
            System.out.println("年龄:"+rs.getInt("age"));
            System.out.println("家庭住址:"+rs.getString("address"));
            System.out.println("------------------------ ");
        }
        //关闭查询结果集
        rs.close();
        //关闭载体
        stmt.close();
        //关闭连接
        conn.close();
```

```
        }catch(ClassNotFoundException e){
            e.printStackTrace();
        }catch(SQLException e){
            e.printStackTrace();
        }
    }
}
```

运行任务 9.6 中的程序，运行结果如图 9.4 所示。

```
Problems  Javadoc  Declaration  Console
<terminated> Demo2 [Java Application] C:\Program Files\Java\jre6\bin\javaw.exe (2019-9-9 下午11:54:27)
最终结果:
-----------------------------------
学号:201611322104
姓名:张娜
性别:女
年龄:18
家庭住址:湖北省黄石市
-----------------------------------
学号:201611322103
姓名:王芳
性别:女
年龄:19
家庭住址:广东省广州市
-----------------------------------
学号:201611322101
姓名:张明
性别:男
年龄:18
家庭住址:湖北省武汉市
```

图 9.4　任务 9.6 的运行结果

知识点

一、JDBC 概述

通常数据应用系统的开发都是基于特定的数据库管理系统，如 MySQL、SQL Server、Oracle、DB2 等，JDBC 为开发人员提供了新的数据库开发工具。JDBC（Java database connectivity，Java 数据库连接）是一种用于执行 SQL 语句的 Java API。JDBC 为开发人员提供了一个标准的 API，使他们能够用纯 Java API 来编写数据库应用程序。开发人员使用 JDBC 编写一个程序后，就可以方便地将 SQL 语句传送给几乎任何一种数据库。不但如此，使用 Java 编写的应用程序可以在任何支持 Java 的平台上运行，而不必在不同的平台上编写不同的应用。Java 与 JDBC 的结合，使得 JDBC 具有简单、健壮、安全、可移植、获取方便等优势，让开发人员在开发数据库应用时真正实现“一次编写，处处运行”。

二、JDBC API

JDBC API 提供了一组用于与数据库进行通信的接口和类，这些接口和类都定义在 java. sql 包中，JDBC 的常用接口和类如表 9.2 所示。

表 9.2 JDBC 的常用接口和类

接口/类	功能描述
DriverManager	数据库驱动管理类,用于加载和卸载各种驱动程序,并建立与数据库的连接
Connection	此接口用于连接数据库
Statement	此接口用于执行静态 SQL 语句并返回它所生成结果的对象
ResultSet	此接口表示数据库结果集的数据表,通常通过执行查询数据库的语句生成
PreparedStatement	此接口用于执行预编译的 SQL 语句
CallableStatement	用于执行 SQL 存储过程的接口

三、JDBC 访问数据库的基本步骤

1. 加载 JDBC 驱动程序

在与某一特定数据库建立连接前,首先必须加载一种可用的 JDBC 驱动程序。加载 JDBC 驱动程序的最常用方法是使用 Class. forName()方法进行加载,其基本语法格式如下。

```
Class.forName("DriverName");
```

其中,DriverName 是要加载的 JDBC 驱动程序名称,驱动程序名称需要根据数据库厂商提供的 JDBC 驱动程序的种类来确定。常用的数据库驱动程序加载方法如下。

(1)MySQL 数据库:

```
Class.forName("com.mysql.jdbc.Driver");
```

(2)SQL Server 数据库:

```
Class.forName("com.microsoft.sqlserver.jdbc.SQLServerDriver");
```

(3)Oracle 数据库:

```
Class.forName("oracle.jdbc.driver.OracleDriver");
```

2. 建立数据库连接

DriverManager 类是 JDBC 的驱动管理类,作用于用户和驱动程序之间。它跟踪可用的驱动程序,并在数据库和相应的驱动程序之间建立连接。该类负责加载、注册 JDBC 驱动程序、管理应用程序和已注册的驱动程序的连接。

使用 JDBC 操作数据库之前,必须首先创建一个数据库的连接,这就需要使用 DriverManager 类的 getConnection()方法,其最常用的使用方法如下。

```
Connection conn = DriverManager. getConnection ( String url, String user, String
password);
```

该方法的功能是用于建立到给定数据库 URL 的连接。其中:参数 user 表示数据库用户;参数 password 表示用户的密码;参数 url 提供了一种标识数据库位置的方法,可以使相应的驱动程序能够识别该数据库并与其建立连接。MySQL 的连接 URL 的语法格式如下。

```
jdbc:mysql://主机名称:连接端口/数据库名称
```

例如:

```
jdbc:mysql://localhost:3306/jxgl
```

DriverManager 类的 getConnection()方法返回一个 Connection 对象。Connection 是一个接口,表示与数据库的连接,并拥有创建 SQL 语句的方法,以完成相应的 SQL 操作。

3. 创建 Statement 对象

连接创建完之后，可以通过此连接向目标数据库发送 SQL 语句。在发送 SQL 语句之前，必须先创建一个 Statement 类的对象，该对象负责将 SQL 语句发送给数据库。通过调用 Connection 接口的 createStatement()方法来创建 Statement 对象。例如：

```
Statement stmt=conn.createStatement();
```

4. 执行 SQL 语句

获取 Statement 对象之后，就可以使用该对象的 executeQuery()方法来执行 SQL 语句。如果 SQL 语句运行后产生结果集，Statement 对象会将结果集封装成 ResultSet 对象并返回。其代码示例如下。

```
ResultSet rs=stmt.executeQuery("select* from student where age>=18");
```

Statement 接口的常用方法及功能如表 9.3 所示。

表 9.3　Statement 接口的常用方法及功能

方法名	功能描述
void close()	关闭 Statement 对象
boolean execute(String sql)	执行给定的 SQL 语句，该语句可能返回多个结果
ResultSet executeQuery(String sql)	执行给定的 SQL 语句，该语句返回单个 ResultSet 对象
int executeUpdate(String sql)	执行给定的 SQL 语句，该语句可能为 INSERT、UPDATE 或 DELETE 语句，或者不返回任何内容的 SQL 语句(如 SQL DDL 语句)
Connection getConnection()	获取生成此 Statement 对象的 Connection 对象
int getFetchSize()	获取结果集合的行数，该行数是根据此 Statement 对象生成的 ResultSet 对象的默认获取大小
int getMaxRows()	获取由此 Statement 对象生成的 ResultSet 对象可以包含的最大行数

5. 处理返回结果

在 JDBC 中，SQL 的查询结果使用 ResultSet 封装。ResultSet 对象中保存着执行了某个 SQL 语句后满足条件的所有行，它还提供了一系列方法完成对结果集中数据的操作。其常用方法及功能如表 9.4 所示。

表 9.4　ResultSet 接口的常用方法及功能

方法名	功能描述
boolean absolute(int row)	光标移动到此 ResultSet 对象的给定行编号
void afterLast()	将光标移动到此 ResultSet 对象的末尾，正好位于最后一行之后
void beforeFirst()	将光标移动到此 ResultSet 对象的开头，正好位于第一行之前
void close()	立即释放此 ResultSet 对象的数据库和 JDBC 资源
boolean first()	将光标移动到此 ResultSet 对象的第一行
int getInt(String columnLabel)	以 Java 编程语言中 int 的形式获取此 ResultSet 对象的当前行中指定列的值
double getDouble(String columnLabel)	以 Java 编程语言中 double 的形式获取此 ResultSet 对象的当前行中指定列的值
String getString(String columnLabel)	以 Java 编程语言中 String 的形式获取此 ResultSet 对象的当前行中指定列的值
boolean getBoolean(String columnLabel)	以 Java 编程语言中 boolean 的形式获取此 ResultSet 对象的当前行中指定列的值

续表

方法名	功能描述
Date getDate(String columnLabel)	以 Java 编程语言中的 java. sql. Date 对象的形式获取此 ResultSet 对象的当前行中指定列的值
Time getTime(String columnLabel)	以 Java 编程语言中 java. sql. Time 对象的形式获取此 ResultSet 对象的当前行中指定列的值
boolean isAfterLast()	获取光标是否位于此 ResultSet 对象的最后一行之后
boolean isBeforeFirst()	获取光标是否位于此 ResultSet 对象的第一行之前
boolean isFirst()	获取光标是否位于此 ResultSet 对象的第一行
boolean isLast()	获取光标是否位于此 ResultSet 对象的最后一行
boolean next()	将光标从当前位置向下移一行。ResultSet 光标最初位于第一行之前。第一次调用 next 方法使第一行成为当前行
boolean previous()	将光标移动到此 ResultSet 对象的上一行
boolean relative(int rows)	按相对行数(或正或负)移动光标

6. 关闭 JDBC 对象

当数据库操作执行完毕或退出应用前，需将数据库访问过程中建立的对象按顺序关闭，防止系统资源浪费。关闭的顺序如下。

(1)关闭查询结果集。例如：

```
rs.close();
```

(2)关闭 Statement 对象。例如：

```
stmt.close();
```

(3)关闭连接。例如：

```
conn.close();
```

课堂训练

使用 JDBC 操作数据库，实现数据的添加、删除、修改、查询操作。

习题9

一、单选题

1. 要查询 book 表中所有书名中含有“计算机”的书籍情况，可以使用(　　)语句。

A. SELECT * FROM book WHERE book_name LIKE '* 计算机* ';

B. SELECT * FROM book WHERE book_name LIKE '% 计算机% ';

C. SELECT * FROM book WHERE book_name= '* 计算机* ';

D. SELECT * FROM book WHERE book_name= '% 计算机% ';

2. 对查询结果进行排序的关键字是(　　)。

A. group by　　　　B. select

C. order by　　　　D. insert into

3. 如果要更新表中记录，可以使用(　　)。

A. insert　　B. delete　　C. update　　D. select

4. 以下代码行的功能是(　　)。

Class.forName("com.mysql.jdbc.Driver");

A. 为 MySQL 数据库服务器加载驱动程序　　B. 建立与指定数据库的连接

C. 创建 ResultSet 对象　　D. 访问表中的数据

5. 在学生信息表(student)中，姓名(name)字段的数据类型为 varchar，应使用 ResultSet 对象的(　　)方法去读取。

A. getInt()　　B. getString()　　C. getDouble()　　D. getDate()

6. 以下说法错误的是(　　)。

A. ResultSet 光标最初位于第一行之前。

B. ResultSet 光标最初位于第一行。

C. ResultSet 对象的 next()方法可以将光标从当前位置向下移动一行。

D. ResultSet 对象的 last()方法可以将光标直接移动到最后一行。

二、填空题

1. JDBC API 提供了一组用于跟数据库进行通信的接口和类，这些接口和类都定义在________包中。

2. Connection 接口的________方法可以用来关闭与数据库服务器的连接。

3. 从教师表(teacher)中查询系别(dept)为"电子系"，性别(sex)为"男"的教师可以使用 SQL 语句：________________。

4. 如果 ResultSet 光标正位于结果集最后一行，此时调用 ResultSet 对象的 next()方法，该该方法的返回值为________。

5. 可以使用 Statement 对象的________方法对数据库中的表进行数据插入、修改、删除操作。

三、编程题

1. 请按照以下要求写出对应操作的 SQL 语句。

(1)创建一名为 school 的班级数据库，并将 school 选定为当前要操作的数据库。

(2)在班级数据库 school 中创建一张班级表(grade)，包含学号(id，整型)、姓名(name，字符串型)、电子邮件(email，字符串型)、入学成绩(score，整型)、入学时间(regdate，日期型)。其中：学号为主键，并设置为自动增长列；姓名和入学成绩不允许为空，电子邮件允许为空；为入学时间提供一个默认值为"2018-09-01"。

(3)查看班级表(grade)的基本结构。

(4)向班级表(grade)中插入如表 9.5 所示数据。

表 9.5　班级表(grade)的结构和数据

id	name	email	score	regdate
1	张晓芳	zxf@sina.com	525	2018-09-01
2	李大海	null	476	2018-09-01
3	王明明	wmm@gmail.com	505	2018-09-01
4	张建刚	zjg@163.com	550	2018-09-01
5	刘张俊	lzj@sohu.com	508	2018-09-01

(5)将学号(id)为 2 的学生的电子邮件(email)修改为"ldh@sohu.com"。

(6)删除表中姓名(name)为“王明明”的学生信息。

(7)查询班级表(grade)中入学成绩(score)高于 500 分的学生。

2. 在班级数据库(school)中,有一张班级表(grade),表的结构和数据同表 9.5。使用 JDBC 访问数据库,查询表中所有姓名含有“张”的学生信息,并在 Java 控制台中输出。

3. 在班级数据库(school)中,有一张班级表(grade),表的结构和数据同表 9.5。使用 JDBC 操作数据库,完成如下操作,并将最终结果按照入学成绩的降序在 Java 控制台中输出。

(1)假设班级转入一名新同学,试向班级表中增加该同学信息。学号:自动递增,姓名:么芳芳,电子邮件:mff@sina.com,入学成绩:588,入学时间:2018-09-01。

(2)假设学号为“3”的学生退学了,试在班级表中删除该同学信息。

(3)学号为“2”的学生之前没有电子邮件,假设他后来申请了一个邮箱“ldh@sohu.com”,试在班级表中更新该同学的电子邮件信息。

单元 10 网络通信

知识目标

(1)掌握 TCP 程序设计。

(2)掌握 UDP 程序设计。

能力目标

具有使用 Java 进行网络程序设计的能力。

任务 1 TCP 程序设计

任务导入

任务 10.1 通过 Java 代码实现 TCP 的客户端与服务端,其中客户端首先发送字符串到服务端,服务端收到字符串后输出其内容并回复字符串给客户端,客户端输出接收到的服务端的返回字符串。

TCP 客户端算法分析 (1)创建客户端套接字 Socket 类对象,连接服务端。

(2)通过 Socket 类对象调用 getOutputStream 方法,获取字节输出流,将数据写向服务端。

(3)通过 Socket 类对象调用 getInputStream 方法,读取服务端回送的数据,同样通过字节输入流将数据读取进来。

(4)关闭 Socket 类对象。

TCP 服务端算法分析 (1)创建服务端套接字 ServerSocket 类对象,绑定服务端端口。

(2)通过 ServerSocket 类对象调用 accept 方法,获得客户端套接字 Socket 类对象。

(3)通过 Socket 类对象调用 getInputStream 方法,获取字节输入流,读取的是客户端发送的数据。

(4)通过 Socket 类对象调用 getOutputStream 方法,服务端使用字节输出流向客户端回数据。

（5）关闭 Socket 类对象。

（6）关闭 ServerSocket 类对象。

TCP 客户端代码

```
import java.io.IOException;
import java.io.InputStream;
import java.io.OutputStream;
import java.net.Socket;
public class tcpclient {
    public static void main(String[] args)throws IOException {
        Socket socket=new Socket("127.0.0.1",8888);
        OutputStream out=socket.getOutputStream();
        out.write("TCP 服务端你好！".getBytes());
        InputStream in=socket.getInputStream();
        byte[] data=new byte[1024];
        int len=in.read(data);
        System.out.println(new String(data,0,len));
        socket.close();
    }
}
```

TCP 服务端代码

```
import java.io.IOException;
import java.io.InputStream;
import java.io.OutputStream;
import java.net.ServerSocket;
import java.net.Socket;
public class tcpservice {
    public static void main(String[] args)throws IOException {
        ServerSocket server=new ServerSocket(8888);
        Socket socket=server.accept();
        InputStream in=socket.getInputStream();
        byte[] data=new byte[1024];
        int len=in.read(data);
        System.out.println(new String(data,0,len));
        OutputStream out=socket.getOutputStream();
        out.write("TCP 客户端你好！".getBytes());
        socket.close();
        server.close();
    }
}
```

一、网络通信基本概念

1. 局域网、广域网、因特网

服务器是指提供信息的计算机或程序，客户机是指请求信息的计算机或程序，而网络用于连接服务器与客户机，实现二者的相互通信。但有时在某个网络中很难将服务器与客户机区分开。我们通常所说的局域网（local area network，LAN），就是一群通过一定形式连接起来的计算机。它可以由两台计算机组成，也可以由同一区域内的上千台计算机组成。由 LAN 延伸到更大的范围，这样的网络称为广域网（wide area network，WAN）。我们熟悉的因特网（Internet），则是由无数的 LAN 和 WAN 组成。服务器、网络与客户机之间的关系如图 10.1 所示。

图 10.1　服务器、网络与客户机关系图

2. 网络协议

网络协议规定了计算机之间连接的物理、机械（网线与网卡的连接规定）、电气（有效的电平范围）等特征以及计算机之间的相互寻址规则、数据发送冲突的解决、长的数据如何分段传送与接收等。就像不同的国家有不同的法律一样，目前网络协议也有多种。在介绍常用的网络协议之前，我们需要简单了解一下网络协议中常用的两种协议模型：OSI 模型和 TCP/IP 模型。

- OSI 模型（open system interconnection reference model），全称为“开放式系统互联通信参考模型”，是一个试图使各种计算机在全世界范围内互联为网络的标准框架。1983 年，国际标准组织（ISO）发布了著名的 ISO/IEC 7498 标准，它定义了网络互联的 7 层框架，也就是开放式系统互联参考模型。
- TCP/IP 模型（TCP/IP model）被称为因特网分层模型（Internet layering model）、因特网参考模型（Internet reference model）。

ISO 制定的 OSI 模型的过于庞大、复杂而招致了许多批评。与此对照，由技术人员自己开发的 TCP/IP 协议栈获得了更为广泛的应用，它将 OSI 模型的 7 层框架简化为 4 层。OSI 模型与 TCP/IP 模型的对比如表 10.1 所示。

表 10.1　OSI 模型与 TCP/IP 模型对照表

OSI 模型（七层）	TCP/IP 模型（四层）	对应网络协议
应用层	应用层	HTTP、TFTP、FTP、NFS、WAIS、SMTP
表示层		Telnet、Rlogin、SNMP、Gopher
会话层		SMTP、DNS
传输层	传输层	TCP、UDP
网络层	网络层	IP、ICMP、ARP、RARP、AKP、UUCP
数据链路层	数据链路层	FDDI、Ethernet、Arpanet、PDN、SLIP、PPP
物理层		IEEE 802.1A、IEEE 802.2 到 IEEE 802.11

基于上述协议模型，下面简单地介绍几个常用的网络协议。

● IP：Internet Protocol——因特网协议。IP 是将多个包交换网络连接起来，它在源地址和目的地址之间传送一种称之为数据包的东西，它还提供对数据大小的重新组装功能，以适应不同网络对包的大小的要求。IP 不提供可靠的传输服务，它不提供端到端的或（路由）结点到（路由）结点的确认，对数据没有差错控制，它只使用报头的校验码，它不提供重发和流量控制。如果出错可以通过 ICMP 报告，ICMP 在 IP 模块中实现。

● TCP：Transmission Control Protocol——传输控制协议。TCP 是一种面向连接的、可靠的、基于字节流的传输层通信协议，由 IETF 的 RFC 793 定义。在简化的计算机网络 OSI 模型中，它完成第四层传输层所指定的功能，用户数据报协议（UDP）是同一层内另一个重要的传输协议。在因特网协议族（Internet protocol suite）中，TCP 层是位于 IP 层之上，应用层之下的中间层。不同主机的应用层之间经常需要可靠的、像管道一样的连接，但是 IP 层不提供这样的流机制，而是提供不可靠的包交换。

● UDP：User Data Protocol——用户数据报协议。UDP 是 OSI 参考模型中一种无连接的传输层协议，提供面向事务的简单不可靠信息传送服务，IETF RFC 768 是 UDP 的正式规范。在网络中它与 TCP 协议一样用于处理数据包，是一种无连接的协议。在 OSI 模型中，UDP 在第四层——传输层，处于 IP 协议的上一层。UDP 具有不提供数据包分组、组装和不能对数据包进行排序等缺点，也就是说，当报文发送之后，是无法得知其是否安全完整到达的。UDP 用来支持那些需要在计算机之间传输数据的网络应用，包括网络视频会议系统在内的众多的客户/服务器模式的网络应用都需要使用 UDP 协议。UDP 协议从问世至今已经被使用了很多年，虽然其最初的光彩已经被一些类似协议所掩盖，但是即使是在今天 UDP 仍然不失为一项非常实用和可行的网络传输层协议。

TCP 与 UDP 的区别：作为传输层中两个主要的协议，TCP 和 UDP 都能向应用层提供通信服务，然而它们提供的服务差别还是很大的，主要有以下几点。

（1）TCP 协议是面向连接的。也就是说，应用程序在使用 TCP 协议之前，必须先建立起一个 TCP 连接，之后才能进行通信活动。因此，使用 TCP 协议通信就好像是打电话，通话前先要拨号，然后等对端拿起电话，建立好连接后才能开始通话，通话结束后将电话机扣上，此时相当于断开连接。而 UDP 协议是无连接的，不需要建立和断开连接，发送端可以在任何时候自由地发送数据，这就好像用手机发信息，它不需要号码是正确的，全凭发送端意愿进行发送，结果是什么并不能保证。

（2）UDP 协议支持一对一、一对多、多对一和多对多的交互通信，而 TCP 协议仅支持一对一的交互通信。

（3）UDP 协议是面向报文的。发送方的 UDP 对应用程序交付下来的报文，在添加了首部信息之后就向下交付给 IP 层。这就是说，应用层交给 UDP 多长的报文，UDP 会照原样发送，即一次发送一个报文。可以看出，应用程序必须控制报文的长度。而 TCP 协议是面向字节流的，就是说虽然应用程序交付给 TCP 协议的是大小不同的若干数据块，但是 TCP 协议把这些数据看成仅仅是一连串无结构的字节流，然后 TCP 协议根据当前情况选择性地将字节流分组并发送。

（4）UDP 协议只是在 IP 服务之上增加了很少的一点功能，因此 UDP 与 IP 协议一样，都是尽最大努力交付，即不保证可靠交付。而 TCP 则是可靠交付的服务，TCP 协议能保证传送的数据无差错、不丢失、不重复、有序到达。

3. 端口和套接字

1)端口

一般而言,一台计算机只有单一的连接到网络的物理连接(physical connection),所有的数据都通过此连接对内、对外送达特定的计算机,这就是端口。网络程序设计中的端口(port)并非真实的物理存在,而是一个假想的连接装置。端口被规定为一个在 0～65535 之间的整数。HTTP 服务一般使用 80 端口,FTP 服务使用 21 端口。假如一台计算机提供了 HTTP、FTP 等多种服务,那么客户机通过不同的端口来确定连接到服务器的哪项服务上,如图 10.2 所示。

2)套接字

网络程序中套接字(socket)用于将应用程序与端口连接起来。套接字是一个假想的连接装置,就像插插头的设备“插座”,用于连接电器与电线,如图 10.3 所示。Java 将套接字抽象化为类,程序设计者只需创建 Socket 类对象,即可使用套接字。

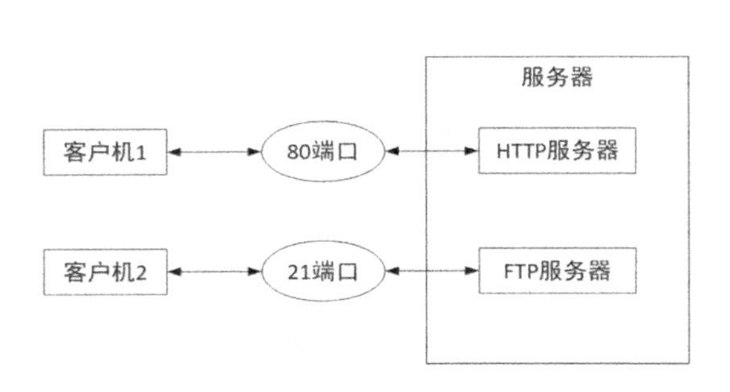

图 10.2 端口示意图

图 10.3 套接字示意图

二、TCP 程序设计

在进行 TCP 程序设计时,我们主要用到以下三个类。

1. InetAddress 类

java.net 包中 InetAddress 类是与 IP 地址相关的类,利用该类可以获取 IP 地址、主机地址等信息。InetAddress 类的常用方法如表 10.2 所示。

表 10.2 InetAddress 类常用方法

返回值	方法	说明
InetAddress	getByName(String host)	获取与 host 相对应的 InetAddress 对象
String	getHostAddress()	获取 InetAddress 对象所含的 IP 地址
String	getHostName()	获取此 IP 地址的主机名
InetAddress	getLocalHost()	返回本地主机的 InetAddress 对象

2. Socket 类

java.net 包中 Socket 类代表客户端和服务器都用来互相沟通的套接字。客户端要获取一个 Socket 对象可通过实例化的方式,而服务器获得一个 Socket 对象则通过 accept()方法的返回值。当 Socket 构造方法返回时,其并不是简单的实例化一个 Socket 对象,而实际上会尝试连接到指定的服务器和端口。客户端和服务器端都有一个 Socket 对象，无论客户端还是服务端都能够调用这些方法。

Socket 类的常用方法如表 10.3 所示。

表 10.3　Socket 类的常用方法

返回值	方法	说明
void	connect(SocketAddress host, int timeout) throws IOException	将此套接字连接到服务器，并指定一个超时值
InetAddress	getInetAddress()	返回套接字连接的地址
int	getPort()	返回此套接字连接到的远程端口
int	getLocalPort()	返回此套接字绑定到的本地端口
SocketAddress	getRemoteSocketAddress()	返回此套接字连接的端点的地址，如果未连接则返回 null
InputStream	getInputStream() throws IOException	返回此套接字的输入流
OutputStream	getOutputStream() throws IOException	返回此套接字的输出流
void	close() throws IOException	关闭此套接字

3. ServerSocket 类

java.net 包中 ServerSocket 类用于表示服务器套接字，其主要功能是等待来自网络中的“请求”，它可通过指定的端口来等待连接的套接字。服务器套接字一次可以与一个套接字连接。如果多台客户机同时提出连接请求，服务器套接字会将请求连接的客户机存入队列中，然后从中取出一个套接字，与服务器新建的套接字连接起来。若请求连接数大于最大容纳数，则多出的连接请求被拒绝。队列的默认大小是 50。

ServerSocket 类的构造方法都抛出 IOException 异常，分别有以下几种形式。

- ServerSocket()：创建非绑定的服务器套接字。
- ServerSocket(int port)：创建绑定到特定端口的服务器套接字。
- ServerSocket(int port, int backlog)：利用指定的 backlog 创建服务器套接字并将其绑定到指定的本地端口号。
- ServerSocket(int port, int backlog, InetAddress bindAddress)：使用指定的端口、侦听 backlog 和要绑定到的本地 IP 地址创建服务器。这种情况适用于计算机上有多块网卡和多个 IP 的情况，我们可以明确规定 ServerSocket 在哪块网卡或 IP 地址上等待客户的连接请求。

ServerSocket 类的 accept() 方法从连接请求队列中取出一个客户的连接请求，然后创建与客户连接的 Socket 对象，并将它返回。如果队列中没有连接请求，accept() 方法就会一直等待，直到接收到了连接请求才返回。服务器端的 Socket 对象使用 getOutPutStream() 方法获得的输出流将指向客户端 Socket 对象使用 getInputStream() 方法获得的那个输入流；同样服务器端的 Socket 独享使用 getInputStream() 方法获得的输入流将指向客户端 Socket 对象使用 getOutputStream() 方法获得的那个输出流。当服务器向输出流写入信息时，客户端通过相应的输入流就能读取，反之亦然。

ServerSocket 类的常用方法如表 10.4 所示。

表 10.4 ServerSocket 类常用方法

返回值	方法	说明
int	getLocalPort()	返回此套接字在其上侦听的端口
Socket	accept()	等待客户机的连接,若连接则创建一个套接字
void	setSoTimeout(int timeout)	通过指定超时值启用/禁用 SO_TIMEOUT,以毫秒为单位
void	bind(SocketAddress host,int backlog)	将 ServerSocket 绑定到特定地址(IP 地址和端口号)
InetAddress	getInetAddress()	返回此服务器套接字的本地地址
Boolean	isClosed()	返回服务器套接字的关闭状态
void	close()	关闭服务器套接字
int	getInetAddress()	返回此服务器套接字等待的端口号

任务 2 UDP 程序设计

任务导入

任务 10.2 通过 Java 代码实现 UDP 的发送端与接收端,其中发送端首先发送字符串到接收端,接收端接收字符串并依次输出发送端的 IP 地址、端口号及收到的字符串内容。

UDP 发送端算法分析

(1)创建 DatagramPacket 类对象,封装数据和接收端的地址和端口。

(2)创建 DatagramSocket 类对象。

(3)通过 DatagramSocket 类对象调用 send 方法,发送数据包。

(4)关闭 DatagramSocket 类对象。

UDP 接收端算法分析

(1)创建 DatagramSocket 类对象,绑定一个端口号。

(2)创建一个字节数组,准备接收对方发来的数据。

(3)创建数据包 DatagramPacket 类对象。

(4)通过 DatagramSocket 类对象调用 receive 方法接收数据包。

(5)通过 DatagramPacket 类对象调用 getAddress 方法获取 IP 地址。

(6)通过 DatagramPacket 类对象调用 getPort 方法获取端口号。

(7)通过 DatagramPacket 类对象调用 getLength 方法获取接收到的数据包实际长度,帮助打印输出收到的字符串内容。

(8)关闭 DatagramSocket 类对象。

UDP 发送端代码

```
import java.io.IOException;
import java.net.DatagramPacket;
```

```
import java.net.DatagramSocket;
import java.net.InetAddress;
public class udpsend {
    public static void main(String[] args)throws IOException {
        byte[] date="你好 UDP".getBytes();
        InetAddress inet=InetAddress.getByName("127.0.0.1");
        DatagramPacket dp=new DatagramPacket(date,date.length,inet,6000);
        DatagramSocket ds=new DatagramSocket();
        ds.send(dp);
        ds.close();
    }
}
```

UDP 接收端代码

```
import java.io.IOException;
import java.net.DatagramPacket;
import java.net.DatagramSocket;
import java.net.InetAddress;
public class udpreceive {
    public static void main(String[] args)throws IOException {
        DatagramSocket ds=new DatagramSocket(6000);
        byte[] data=new byte[1024];
        DatagramPacket dp=new DatagramPacket(data,data.length);
        ds.receive(dp);
        int length=dp.getLength();
        String ip=dp.getAddress().getHostAddress();
        System.out.println(ip);
        int port=dp.getPort();
        System.out.println(port);
        System.out.println(new String(data,0,length));
ds.close();
    }
}
```

知识点

◆ UDP 程序设计

在进行 TCP 程序设计时，我们主要用到以下两个类。

1. DatagramPacket 类

java.net 包的 DatagramPacket 类用来表示数据包。Datagram Packet 类的构造方法有：

```
DatagramPacket(byte[] buf,int length)
DatagramPacket(byte[] buf,int length,InetAddress address,int port)
```

第一种构造方法创建 DatagramPacket 对象，指定了数据包的内存空间和大小。第二种构造方法不仅指定了数据包的内存空间和大小，而且指定了数据包的目标地址和端口。在发送数据时，必须指定接收方的 Socket 地址和端口号，因此使用第二种构造方法可创建发送数据的 DatagramPacket 对象。

DatagramPacket 类的常用方法如表 10.5 所示。

表 10.5 DatagramPacket 类的常用方法

返回值	方法	说明
InetAddress	getAddress()	返回某台机器的 IP 地址，此数据报将要发往该机器或者从该机器接收
byte[]	getData()	返回数据缓冲区
int	getLength()	返回将要发送或者接收的数据的长度
int	getOffset()	返回将要发送或者接收的数据的偏移量
int	getPort()	返回某台远程主机的端口号，此数据报将要发往该主机或者从该主机接收
SocketAddress	getSocketAddress()	获取要将此包发送或者发出此数据报的远程主机的 SocketAddress（通常为 IP 地址＋端口号）
void	setAddress(InetAddress addr)	设置要将此数据报发往的目的机器的 IP 地址
void	setData(byte[] buf)	为此包设置数据缓冲区
void	setData(byte[] buf,int offset,int length)	为此包设置数据缓冲区
void	setLength(int length)	为此包设置长度
void	setPort(int port)	设置要将此数据报发往的远程主机的端口号
void	setSocketAddress(SocketAddress address)	设置要将此数据报发往的远程主机的 SocketAddress（通常为 IP 地址＋端口号）

2. DatagramSocket 类

java.net 包中的 DatagramSocket 类用于表示发送和接收数据包的套接字。该类的构造方法有：

```
DatagramSocket()
DatagramSocket(int port )
DatagramSocket(int port,InetAddress addr)
```

第一种构造方法用于创建 DatagramSocket 对象，构造数据报套接字并将其绑定到本地主机上任何可用的端口。第二种构造方法用于创建 DatagramSocket 对象，创建数据报套接字并将其绑定到本地主机上的指定端口。第三种构造方法用于创建 DatagramSocket 对象，创建数据报套接字，将其绑定到指定的本地地址。第三种构造方法适用于有多块网卡和多个 IP 的情况。

DatagramSocket 类的常用方法如表 10.6 所示。

表 10.6 DatagramSocket 类的常用方法

返回值	方法	说明
void	bind(SocketAddress addr)	将此 DatagramSocket 绑定到特定的地址和端口
void	close()	关闭此数据报包套接字
void	connect(InetAddress address,int port)	将套接字连接到此套接字的远程地址
void	connect(SocketAddress addr)	将此套接字连接到远程套接字地址(IP 地址+端口号)
void	disconnect()	断开套接字的连接
InetAddress	getInetAddress()	返回此套接字连接的地址
InetAddress	getLocalAddress()	获取套接字绑定的本地地址
int	getLocalPort()	返回此套接字绑定的本地主机上的端口号
int	getPort()	返回此套接字的端口

习题10

一、选择题

1. 以下协议中属于 TCP/IP 协议栈中应用层协议的是(　　)。

A. HTTP　　B. TCP　　C. UDP　　D. IP

2. 在 Java 网络编程中，使用客户端套接字 Socket 创建对象时，需要指定(　　)。

A. 服务器主机名称和端口　　B. 服务器端口和文件

C. 服务器名称和文件　　D. 服务器地址和文件

3. ServerSocket 的监听方法 accept( )方法的返回值类型是(　　)。

A. Socket　　B. Void

C. Object　　D. DatagramSocket

4. 在使用 UDP 套接字通信时，常用(　　)类把要发送的信息打包。

A. String　　B. DatagramSocket

C. MulticastSocket　　D. DatagramPacket

5. InetAddress 类的(　　)方法能够获取 IP 地址的主机名。

A. getByName　　B. getHostAddress

C. getHostName　　D. getLocalHost

二、填空题

1. ________用来标志网络中的一个通信实体的地址。通信实体可以是计算机、路由器等。

2. ________是统一资源定位器的简称，它表示 Internet 上某一资源的地址。

3. 在 Socket 编程中，IP 地址用来标志一台计算机，但是一台计算机上可能提供多种应用程序，使用________来区分这些应用程序。

4. 在 Java Socket 网络编程中，开发基于 TCP 协议的服务器端程序使用的套接字是________。

5. 在 Java Socket 网络编程中，开发基于 UDP 协议的程序使用的套接字是________。

三、编程题

1. 使用基于 TCP 的 Java Socket 编程，完成如下功能。

(1)要求从客户端输入几个字符，发送到服务器端。

(2)由服务器端将接收到的字符进行输出。

(3)服务器端向客户端发出“您的信息已收到”作为响应。

(4)客户端接收服务器端的响应信息。

提示：

(1)服务器端：

```
PrintWriter out= new PrintWriter(socket.getOutputStream(),true);
```

(2)客户端：

```
BufferedReader line= new BufferedReader(new InputStreamReader(System.in));
```

2. 使用基于 UDP 的 Java Socket 编程，完成如下的在线咨询功能。

(1)客户向咨询人员咨询。

(2)咨询人员给出回答。

(3)客户和咨询人员可以一直沟通，直到客户发送 bye 给咨询人员。